Akademie der Landwirtschaftswissenschaften
der Deutschen Demokratischen Republik
Institut für Landwirtschaftliche Information und Dokumentation

agroselekt
Systematik

für das Dokumenten-Informationsrecherchesystem (IRS)
der Land-, Forst- und Nahrungsgüterwirtschaft

Akademie-Verlag
Berlin

ilid

Systematik LFN, Berlin 1985, 4 überarbeitete Auflage

SYSTEMATIK

zum Informationsmittel agroselekt

reihe 1 ● landtechnik
reihe 2 ● pflanzenproduktion
reihe 3 ● tierproduktion
reihe 4 ● veterinärmedizin

Die Systematik wird kostenlos in Verbindung mit dem Abonnement für das Informationsmittel agroselekt abgegeben.

Einzelanforderungen sind möglich über

Redaktion agroselekt
Akademie der Landwirtschaftswissenschaften der DDR
Institut für Landwirtschaftliche Information und Dokumentation (ILID)
DDR-1086 Berlin Krausenstr. 38/39

Bestellungen für **agroselekt** sind zu richten

- in der DDR an die Deutsche Post,-Zentralvertrieb des PZV(B), DDR-7930 Herzberg/Elster
- im sozialistischen Ausland an eine Buchhandlung für fremdsprachige Literatur oder an den zuständigen Postzeitungsvertrieb
- in der BRD und Berlin (West) an eine Buchhandlung oder an die Auslieferungsstelle Kunst und Wissen, Erich Bieber OHG, Wilhelmstr. 4—6, D-7000 Stuttgart 1
- in den übrigen westeuropäischen Ländern an eine Buchhandlung oder an die Auslieferungsstelle Kunst und Wissen, Erich Bieber GmbH, Dufourstr. 51, CH-8008 Zürich
- im übrigen Ausland an den Internationalen Buch- und Zeitschriftenhandel, den Buchexport, Volkseigener Außenhandelsbetrieb der Deutschen Demokratischen Republik, DDR-7010 Leipzig, Postfach 160, oder an den Akademie-Verlag, DDR-1086 Berlin, Leipziger Str. 3—4

agroselekt
Systematik für das Dokumenten-Informationsrecherchesystem (IRS) der Land- Forst- und Nahrungsgüterwirtschaft

Herausgeber: Akademie der Landwirtschaftswissenschaften der Deutschen Demokratischen Republik. Institut für Landwirtschaftliche Information und Dokumentation (ILID).

Verlag: Akademie-Verlag, DDR-1086 Berlin, Leipziger Str. 3—4;
Fernruf 2236 221 oder 2236 229; Telex-Nr.: 11 4420;
Bank: Staatsbank der DDR, Berlin, Kto.-Nr. 6836-26-20712.

Anschrift der Redaktion: Institut für Landwirtschaftliche Information und Dokumentation (ILID), DDR-1086 Berlin, Krausenstr. 38/39, Postschließfach 1295. Fernruf: 20 004 61.

Druckgenehmigung: Ag 451/52/85

Gesamtherstellung: VEB Druckerei „Thomas Müntzer", DDR-5820 Bad Langensalza.
Bestellnummer dieses Heftes: 1030/Systematik

Gliederung der Systematik LFN

Vorwort

Mit der vorliegenden 4. überarbeiteten Auflage der Systematik der Land-, Forst- und Nahrungsgüterwirtschaft (LFN) übergeben wir ein Arbeitsmittel, in dem vielfältige Hinweise unserer Indexierer, aber auch notwendige Korrekturen im Zusammenhang mit der Entwicklung des Erkenntnisstandes auf den verschiedenen Fachgebieten ihren Niederschlag gefunden haben.
Wir hoffen, daß mit diesen Veränderungen die Möglichkeiten der Darstellung komplizierter Sachverhalte für den Indexierer und für den Rechercheur wesentlich verbessert werden konnten und somit in der zukünftigen Arbeit die Informationsleistungen des Systems für unsere Nutzer an Aussagekraft und Relevanz gewinnen.

Die Systematik LFN stellt eine systematische Gliederung des Zentralen Fonds des Systems AGROSELEKT dar. Grundlage ihrer Erarbeitung sind folgende Ordnungsmittel:

- Thematischer Rubrikator Landwirtschaft für das IS Agroinform (Stand 1974)
- Systematik der Informationskooperation Leitung, Planung, Ökonomik der Landwirtschaft und Nahrungsgüterwirtschaft
- Systematika der informationsmittelherstellenden Einrichtungen der Nahrungsgüterwirtschaft.

Die Systematik soll folgende Aufgaben erfüllen:

- Gliederung von rechnergestützt gedruckten Informationsmitteln (RIM), z.B. agroselekt, Reihe 1, 2, 3 und 4
- Verwendung der Notationen, u. U. in Kombination mit Deskriptoren und anderen Aussagen (wie z.B. SPRACHE, LAND, JAHR usw.) als Recherchemerkmal bei der Selektiven Informationsverbreitung und Durchführung retrospektiver Recherchen.

Die Systematik LFN besteht aus Notationen und den verbalen Bezeichnungen zu den Notationen. Die Notationen der Systematik LFN wurden numerisch aufgebaut.

Beispiel:

Notation	verbale Bezeichnung zur Notation
60.10.25.15.	Nukleinsäuren

Beim Aufbau der Systematik LFN und bei der Gestaltung der einzelnen Ebenen zueinander wurde eine Reihe von Prinzipien bei der Herstellung hierarchischer, paradigmatischer u. a. Beziehungen beachtet wie

- das Prinzip des Überganges vom Allgemeinen zum Speziellen
- das Prinzip des Überganges vom Ganzen zum Teil u. a.

In der Systematik sind neben der hierarchischen Über/Unterordnung zwei Verweisformen vorhanden:

- Der "s. auch"-Verweis (Assoziation - A)
- Der "für ... verwende"-Verweis

Die "s. auch"-Verweisung gibt einen Hinweis auf den Standort der Systematikstelle, deren Inhalt der Aussage einer gegebenen Systematikstelle assoziativ entspricht oder deren inhaltliche Aussage ergänzt.

Die "für ... verwende"-Verweisung legt fest, daß die genannte Notation bei der Indexierung für die angegebenen Sachverhalte zu verwenden ist.

Die Systematik LFN kann bei Vorliegen einer Notwendigkeit weiterentwickelt werden. Für diesen Zweck bestehen folgende Korrekturmöglichkeiten:

- Einfügen einer Systematikstelle
- Streichen einer Systematikstelle
- Korrigieren einer Systematikstelle

Für die praktische Indexiertätigkeit werden folgende Hinweise gegeben:

- Eine Notation muß vergeben werden, beim Vorliegen mehrerer recherchierwürdiger Sachverhalte müssen mehrere Notationen eingetragen werden (max. 3 NOTATIONEN).
- Werden mehrere Notationen vergeben, ist die Notation an die erste Stelle zu setzen, die den wichtigsten Sachverhalt im Dokument kennzeichnet. Nach dieser 1. Notation erfolgt die Gliederung der rechnergestützt gedruckten agroselekt-Reihen. Auf dem Erfassungsbeleg ist nur der numerische Ausdruck einzutragen, nicht die verbale Beschreibung. Zeichengetreue Übernahme beachten (Abschlußpunkt, ohne Leerstellen)!

Weiter ist bei der Arbeit mit der Systematik (LFN) zu beachten:

Wie bereits erwähnt, ist die Systematik (LFN) aus mehreren, bisher selbständigen Ordnungsmitteln vom Klassifikationstyp zusammengefügt worden. Dabei war es notwendig, die in den getrennten Ordnungsmitteln nachgewiesenen Querschnittsgebiete (wie z.B. Ökomomie) herauszulösen und für alle Fachdisziplinen einheitlich in einer Rubrik darzustellen. Bei den gesellschaftswissenschaftlichen Grundlagen, Planung, Leitung, Ökonomie, ließ sich das auch konsequent durchführen. So sind alle diesbezüglichen Sachverhalte unter 60.01. bzw. den dort untergeordneten Rubriken zu finden.

Bei anderen Querschnittsgebieten (Mechanisierung/Elektrifizierung, Züchtung usw.) war es aus der Sicht der fachbezogenen Darstellung notwendig, Teile dieser Querschnittsdisziplinen in bestimmten thematischen Gebieten zu belassen, z.B.

- Fragen der Genetik und Evolutionsforschung unter landwirtschaftlicher Biologie (60.10.30.)
  aber: Züchtung landwirtschaftlicher Kulturpflanzen unter Pflanzenproduktion (60.35.05.05.) und Züchtung der Rinder

unter Rinderproduktion (60.45.10.10.05.)

- Fragen der Mechanisierung der Meliorationsarbeiten unter Mechanisierung und Elektrifizierung der Landwirtschaft (60.55.20.)

Es kann daher folgende Vorgehensweise beim Suchen bestimmter Themenkomplexe, empfohlen werden:

- Suche den Sachverhalt zunächst im speziellen Fachteil (z.B. Bodenkunde, Pflanzenproduktion, Tierproduktion)!
- Ist der Sachverhalt im speziellen Fachteil nicht zu finden, suche in den Querschnittsgebieten (z.B. Biologie, Mechanisierung/Elektrifizierung)!

Anträge für Erweiterungen, Änderungen usw. sind zu stellen an:

A d L der D D R
Institut für Landwirtschaftliche
Information und Dokumentation
Abteilung Recherche
1086 Berlin, Postfach 1295

60.01. **Gesellschaftswissenschaftliche Grundlagen; Leitung; Planung; Ökonomie**

60.01.03. **Marxismus-Leninismus**

60.01.03.02. Philosophie

60.01.03.04. Politische Ökonomie

60.01.03.04.03. Sozialistische Volkswirtschaft

60.01.03.04.03.03. Volkswirtschaftlicher Agrarindustriekomplex

60.01.03.04.03.05. Andere Volkswirtschaftsbereiche

60.01.03.04.05. Sozialistische Produktionsweise

60.01.03.04.05.90. Kapitalistische Produktionsweise

60.01.03.04.07. Anwendung ökonomischer Gesetze des Sozialismus

60.01.03.04.09. Preissystem

60.01.03.04.09.05.90. Preissystem im kapitalistischen Wirtschaftsbereich

60.01.03.04.11. Reproduktionsprozeß

60.01.03.04.13. Strukturpolitik

60.01.03.04.13.90. Strukturpolitik im kapitalistischen Wirtschaftsbereich

60.01.03.04.15. Wirtschaftswachstum

60.01.05. **Partei- und Staatsführung**

60.01.05.03. Agrarpolitik

60.01.05.03.90. Agrarpolitik im kapitalistischen Wirtschaftsbereich

60.01.05.05. Marxistisch-leninistische Partei

60.01.05.07. Staatsführung

60.01.05.07.03. Staatsorgane

60.01.05.07.05. Wirtschaftspolitik

60.01.05.07.07. Staatliche Bestimmungen

60.01.05.07.09. Territorium

60.01.05.07.90. Staatsführung im kapitalistischen Wirtschaftsbereich

60.01.05.09. Gesellschaftliche Organisationen

60.01.05.11. Veranstaltungen

60.01.10. <u>Betriebsformen</u>

60.01.10.03. Betriebe

60.01.10.03.03. Landwirtschaftsbetriebe (einschl. Konzentration, Kooperation, Spezialisierung, Kombination, Stufenproduktion)

60.01.10.03.05. Verarbeitungsbetriebe

60.01.10.03.07. Handelsbetriebe

60.01.10.03.08. Dienstleistungsbetriebe

60.01.10.03.11. Baubetriebe

60.01.10.03.13. Sonstige Betriebe

60.01.10.03.90. Betriebe im kapitalistischen Wirtschaftsbereich

60.01.10.05. Institutionen
<u>s. auch</u> 60.50.05.25. Veterinärmedizinische Einrichtungen

60.01.10.05.03. Bildungseinrichtungen

60.01.10.05.05. Forschungsinstitutionen

60.01.10.07. Kombinate

60.01.10.09. Wirtschaftsvereinigungen

60.01.15. <u>Produktionsbasis</u>

60.01.15.03. Bodenökonomie

60.01.15.03.90. Bodenökonomie im kapitalistischen Wirtschaftsbereich

60.01.15.05. Meliorationswesen

60.01.15.05.90. Meliorationswesen im kapitalistischen Wirtschaftsbereich

60.01.15.07. Maschineneinsatz

60.01.15.07.90. Maschineneinsatz im kapitalistischen Wirtschaftsbereich

60.01.15.09. Gebäudebewirtschaftung

60.01.15.09.90. Gebäudebewirtschaftung im kapitalistischen Wirtschaftsbereich

60.01.15.11. Materialökonomie (Futterökonomie, Düngereinsatz)

60.01.15.11.90. Materialökonomie im kapitalistischen Wirtschaftsbereich

60.01.15.13. Transportökonomie

60.01.15.13.90. Transportökonomie im kapitalistischen Wirtschaftsbereich

60.01.15.15. Ökonomie der Instandhaltung

60.01.15.17. Lagerwirtschaft

60.01.15.17.90. Lagerwirtschaft im kapitalistischen Wirtschaftsbereich

60.01.30. <u>Wirtschaftsführung und Betriebswirtschaft</u>

60.01.30.03. Grundlagen der sozialistischen Wirtschaftsführung

60.01.30.03.90. Management

60.01.30.05. Grundlagen der sozialistischen Betriebswirtschaft

60.01.30.05.90. Betriebswirtschaft im kapitalistischen Wirtschaftsbereich

60.01.30.07. Prognose

60.01.30.07.03. Grundlagen der Prognose und Prognostik

60.01.30.07.90. Prognose im kapitalistischen Wirtschaftsbereich

60.01.30.09. Planung

60.01.30.09.03. Bilanzierung

60.01.30.09.05. Planmethodik

60.01.30.09.07. Arten der Pläne und Planungsphasen

60.01.30.09.09. Planungsprozeß

60.01.30.09.11. Planungsebenen

60.01.30.09.90. Planung im kapitalistischen Wirtschaftsbereich

60.01.30.11. Wirtschaftliche Rechnungsführung

60.01.30.11.03. Grundlagen (einschl. Inventur)

60.01.30.11.05. Betriebliche Rechnungen

60.01.30.11.05.03. Grundmittelrechnung

60.01.30.11.05.05. Investitionsrechnung

60.01.30.11.05.07. Materialrechnung

60.01.30.11.05.09. Arbeitskräfterechnung

60.01.30.11.05.11. Kosten- und Leistungsrechnung

60.01.30.11.05.13. Finanz- und Nutzensrechnung

60.01.30.11.07. Fachstatistik

60.01.30.11.09. Haushaltsbeziehungen

60.01.30.11.11. Banksystem

60.01.30.11.90. Rechnungswesen im kapitalistischen Wirtschaftssystem

60.01.30.13. Recht in der L. u. N.

60.01.30.13.03. Grundlagen

60.01.30.13.05. Wirtschaftsrecht

60.01.30.13.07. Agrarrecht

60.01.30.13.09. Arbeitsrecht

60.01.30.15. Kollektivbildung und Persönlichkeitsentwicklung

60.01.30.15.03. Grundlagen

60.01.30.15.05. Sozialistische Demokratie

60.01.30.15.07. Wettbewerb (einschl. Prämierungen, Auszeichnungen, Neuererbewegung)

60.01.30.15.09. Vergütungssystem (einschl. materielle Interessiertheit)

60.01.30.15.13. Kaderpolitik

60.01.30.15.15. Soziologische, psychologische und pädagogische Grundlagen

60.01.30.15.17. Geistig-kulturelles Leben

60.01.30.15.90. Menschenführung im kapitalistischen Wirtschaftsbereich

60.01.30.17. Leitung (einschl. Patentwesen)

60.01.30.17.03. Leitungsprozeß

60.01.30.17.05. Entscheidungsprozeß

60.01.30.17.90. Leitung im kapitalistischen Wirtschaftsbereich

60.01.30.19.07. Verwaltungsorganisation

60.01.30.19.09. Wissenschaftsorganisation

60.01.30.19.11. Forschungsorganisation

60.01.30.19.90. Organisation im kapitalistischen Wirtschaftsbereich

60.01.30.21. Arbeitsorganisation

60.01.30.21.03. Grundlagen (einschl. Arbeitsplatzgestaltung, Gesundheits-, Arbeits-, Brandschutz)

60.01.30.21.05. Arbeitskräfte

60.01.30.21.07. Arbeitsproduktivität

60.01.30.21.09. Wissenschaftliche Arbeitsorganisation (einschl. Rationalisierung, Rekonstruktion)

60.01.30.21.11. Arbeitszeit

60.01.30.21.13. Arbeitsprozeß

60.01.30.21.90. Arbeitsorganisation im kapitalistischen Wirtschaftsbereich

60.01.30.23. Kybernetik

60.01.30.23.90. Kybernetik im kapitalistischen Wirtschaftsbereich

60.01.30.25. Operationsforschung

60.01.30.25.03. Anwendung mathematischer Methoden

60.01.30.25.05. Anwendung der Wahrscheinlichkeitsrechnung und der mathematischen Statistik

60.01.30.25.07. Modellaufbau

60.01.30.25.09. Netzplantechnik

60.01.30.25.11. Optimierung

60.01.30.25.13. Simulation

60.01.30.25.90. Operations-Research

60.01.30.27. Informationssystem

60.01.30.27.03. Grundlagen

60.01.30.27.05. Volkswirtschaftliches Informationssystem

60.01.30.27.07. Betriebliches Informationssystem

60.01.30.27.09. Informationssystem Wissenschaft und Technik

60.01.30.27.09.03. Informatik

60.01.30.27.09.05. Bibliothekswesen

60.01.30.27.09.07. Vervielfältigung

60.01.30.27.11. Kommunikationsprozeß

60.01.30.27.90. Informationssystem im kapitalistischen Wirtschaftsbereich

60.01.30.29. EDV

60.01.30.29.03. Grundlagen der EDV-Organisation

60.01.30.29.05. Organisationstechnische Teilgebiete

60.01.30.29.05.03. Einsatzvorbereitung

60.01.30.29.05.05. Systemprojektierung

60.01.30.29.05.07. Datenbanken und Datenspeicher

60.01.30.29.05.09. Einrichtung und Betrieb von Rechenzentren

60.01.30.29.05.90. Organisationstechnische Teilgebiete im kapitalistischen Wirtschaftsbereich

60.01.30.29.07. Anlagenorientierte Teilgebiete

60.01.30.29.07.03. Maschinenbedienung

60.01.30.29.07.05. Maschinennutzung (Mehrfachnutzung, Zusammenarbeit mehrerer)

60.01.30.29.07.90. Anlagenorientierte Teilgebiete im kapitalistischen Wirtschaftsbereich

60.01.30.29.09. Programmierung

60.01.30.29.09.03. Programme und Programmiertechnik

60.01.30.29.09.05. Programmiersprachen

60.01.30.29.09.05.03. Allgemeine Einteilung

60.01.30.29.09.05.05. Spezielle Programmiersprachen

60.01.30.29.09.90. Programmierung im kapitalistischen Wirtschaftsbereich

60.01.30.29.11. Prozeßrechentechnik

60.01.30.29.13. Anwendung der EDV (einschl. Schlagkartei)

60.01.30.29.90. EDV im kapitalistischen Wirtschaftsbereich

60.01.40. <u>Zweigökonomik</u>

60.01.40.05. Landwirtschaft

60.01.40.05.05. Pflanzenproduktion

60.01.40.05.05.03. Grundlagen der Pflanzenproduktion (einschl. Züchtung, Pflanzenvermehrung, Pflanzenschutz, Pflanzenernährung)

60.01.40.05.05.05. Getreideproduktion

60.01.40.05.05.07. Kartoffelproduktion

60.01.40.05.05.09. Zuckerrübenproduktion

60.01.40.05.05.11. Öl- und Hülsenfruchtproduktion

60.01.40.05.05.13. Obst- und Gemüseproduktion

60.01.40.05.05.13.05. Obstproduktion

60.01.40.05.05.13.10. Gemüseproduktion

60.01.40.05.05.14. Zierpflanzenproduktion (einschl. Grünanlagen)

60.01.40.05.05.15. Futterproduktion

60.01.40.05.05.17. Sonderkulturenproduktion

60.01.40.05.05.90. Pflanzenproduktion im kapitalistischen Wirtschaftsbereich

60.01.40.05.07. Forstwirtschaft

60.01.40.05.07.90. Forstwirtschaft im kapitalistischen Wirtschaftsbereich

60.01.40.05.10. Tierproduktion

60.01.40.05.10.03. Grundlagen der Tierproduktion (einschl. Züchtung, Fortpflanzung, Fütterung, Tierernährung, Veterinärmedizin, Tiergesundheit)

60.01.40.05.10.05. Rinderproduktion

60.01.40.05.10.05.03. Milchproduktion

60.01.40.05.10.05.05. Fleischproduktion

60.01.40.05.10.07. Schweineproduktion

60.01.40.05.10.09. Schafproduktion

60.01.40.05.10.09.03. Wollproduktion

60.01.40.05.10.09.05. Fleischproduktion

60.01.40.05.10.11. Geflügelproduktion

60.01.40.05.10.11.03. Eierproduktion

60.01.40.05.10.11.05. Fleischproduktion

60.01.40.05.10.13. Pferde- und Kleintierproduktion

60.01.40.05.10.15. Güllewirtschaft

60.01.40.05.10.90. Tierproduktion im kapitalistischen Wirtschaftsbereich

60.01.40.05.12. Jagdwirtschaft

60.01.40.05.12.90. Jagdwirtschaft im kapitalistischen Wirtschaftsbereich

60.01.40.05.90. Landwirtschaft im kapitalistischen Wirtschaftsbereich

60.01.40.10. **Nahrungsgüterwirtschaft**

60.01.40.10.03. Grundlagen der Nahrungsgüterwirtschaft

60.01.40.10.05. Fleischverarbeitung

60.01.40.10.07. Milchverarbeitung

60.01.40.10.09. Getreideverarbeitung

60.01.40.10.11. Futtermittelindustrie

60.01.40.10.13.05. Kartoffelverarbeitung

60.01.40.10.13.10. Zuckerrübenverarbeitung

60.01.40.10.15. Obst- und Gemüseverarbeitung

60.01.40.10.15.05. Obstverarbeitung

60.01.40.10.15.10. Gemüseverarbeitung

60.01.40.10.17. Gärungsindustrie

60.01.40.10.19. Getränkeindustrie

60.01.40.10.21. Öl- und Margarineindustrie

60.01.40.10.23. Fischwirtschaft

60.01.40.10.25. Tabakindustrie

60.01.40.10.27. Nichtlandwirtschaftliche Nahrungsgewinnung

60.01.40.10.29. Gesellschaftliche Speisewirtschaft

60.01.40.10.90. Nahrungsgüterwirtschaft im kapitalistischen Wirtschaftsbereich

60.01.40.15. Handel und Versorgungswirtschaft

60.01.40.15.90. Handel und Versorgungswirtschaft im kapitalistischen Wirtschaftsbereich

60.05. Allgemeine Fragen der Landwirtschaft

60.05.15. Standardisierung

60.05.45. Aus- und Weiterbildung

60.05.55. Biografien, Ausstellungen, Tagungen, Konferenzen, Symposien, Jahresberichte

60.05.60. Wörterbücher, Enzyklopädien, Fachbücher, Literaturübersichten, Tabellen

60.05.65. Organisation u. Tätigkeit wissenschaftlicher Einrichtungen

60.05.75. Geschichte der Landwirtschaft

60.10. **Landwirtschaftliche und forstwirtschaftliche Biologie**

60.10.05. Allgemeine Fragen der landwirtschaftlichen und **forstwirtschaftlichen Biologie**

60.10.05.05. Untersuchungsmethoden in der landw. Biologie **s. auch** 60.10.10.20.20. Physiologische Untersuchungsmethoden und Apparaturen

60.10.05.15. Biophysik

60.10.05.20. Modellierung biologischer Prozesse (einschl. Ertragsschätzung)

60.10.05.25. Strahlenbiologie

60.10.05.30. Allgemeine Fragen der Botanik, allg. Fortpflanzungsbiologie (z.B. Bestäubung, Befruchtung)

60.10.05.35. Allgemeine Fragen der Zoologie

60.10.05.40. Allgemeine Fragen der Mikrobiologie

60.10.05.45. Allgemeine Fragen der Chemie

60.10.05.50. Allgemeine Fragen der Genetik

60.10.05.55. Versuchswesen

60.10.05.60. Biometrie

60.10.10. **Botanik**

60.10.10.05. Zytologie (Besonderheiten des Aufbaus und die Zusammensetzung der Pflanzenzelle)

60.10.10.10. Morphologie der Pflanzen (äußerer Aufbau der Pflanzen)

60.10.10.15. Anatomie der Pflanzen (innerer Aufbau der Pflanzen)

60.10.10.20. Physiologie der Pflanzen (einschl. Physiologie der Bewegung)

60.10.10.20.05. Stoffwechsel

60.10.10.20.05.05. Energie- u. Kohlenhydratstoffwechsel (Photosynthese, Photoperiodismus)

60.10.10.20.05.10. Lipidstoffwechsel

60.10.10.20.05.15. Stickstoffstoffwechsel

60.10.10.20.05.16. Transport organischer Stoffe in der Pflanze

60.10.10.20.10. Ernährungsphysiologie (einschl. Nährstoffkonkurrenz)
- für nährstoff- u. nährstoffmangelbedingte Krankheiten
verwende 60.40.10.25. Nichtparasitäre Krankheiten und Schäden

60.10.10.20.10.05. Mineralstoffwechsel (Stoffaufnahme, -verteilung)

60.10.10.20.10.10. Ertragsphysiologie (Regulierung von Stoffbildung und Ertrag)

60.10.10.20.10.15. Wasserhaushalt

60.10.10.20.15. Wachstum, Entwicklung
- für Gewebekultur, Zellkultur
verwende 60.30.30.30. Methoden zur Anzucht auf Nährmedien

60.10.10.20.20. Physiologische Untersuchungsmethoden und Apparaturen
s. auch 60.10.05.05. Untersuchungsmethoden in der landw. Biologie

60.10.10.25. Pflanzengeographie

60.10.10.30. Pflanzensoziologie (Wechselbeziehung in Pflanzengemeinschaften)
- für Wechselbeziehungen zwischen Kulturpflanzen und Unkräutern
verwende 60.40.20.15. Verunkrautung des Bodens und der Bestände

60.10.10.35. Ökologie der Pflanzen (Wechselbeziehungen zwischen Pflanzen und Umwelt; Anforderungen an die Umwelt; Anpassung der Pflanzen)
- für Ökologie von Schad- und Nutzorganismen
verwende 60.40.05.10. Ökologische Probleme bei Schad- und Nutzorganismen

60.10.10.40. Pflanzensystematik (Taxonomie)

60.10.10.45. Agroökosysteme

60.10.15. Zoologie

60.10.15.05. Anatomie, Histologie, Embryologie

60.10.15.05.05. Anatomische Methodik (Präparateherstellung, Präpariertechnik u. a.)

60.10.15.05.10. Spezielle Anatomie (Knochen Knorpel, Bänder, Gelenke, Muskeln, Sehnen, Sehnenscheiden, Schleimbeutel, Herz, Blutgefäße, Atmungsorgane, Verdauungsorgane, Harn- und Geschlechtsorgane, Drüsen mit innerer Sekretion, Lymphknoten, Lymphgefäße, Nervensystem, Haut, Milchdrüse, Zähne, Sinnesorgane)

60.10.15.05.15. Histologische Methodik (Präparateherstellung u. a.)

60.10.15.05.20. Spezielle Histologie (Knochen, Knorpel, Bänder, Gelenke, Muskeln, Sehnen, Sehnenscheiden, Schleimbeutel, Herz, Blutgefäße, Atmungsorgane, Verdauungsorgane, Harn- und Geschlechtsorgane, Drüsen mit innerer Sekretion, Lymphknoten, Lymphgefäße, Nervensystem, Haut, Milchdrüse, Sinnesorgane)

60.10.15.05.30. Embryologie

60.10.15.10. Physiologie

60.10.15.10.05. Lebensprozesse im Körper der Tiere

60.10.15.10.10. Funktion der Organe und ihre Wechselbeziehungen (Atmung, Herz, Kreislauf, Niere, Harnsekretion, Lymphgefäßsystem, Drüsen mit innerer Sekretion, Nervenphysiologie, Milch, Milchdrüsen, Haut, Sinnesorgane, Fortpflanzung s. auch 60.45.05.05.03. Fortpflanzung und die entsprechende Notation bei den Tierarten; s. auch 60.50.10. Physiologie und Pathologie der Fortpflanzung)

60.10.15.10.15. Ernährungsphysiologie

60.10.15.10.15.05. Verdauung und Absorption

60.10.15.10.15.05.01. Mikrobiologie des Verdauungstraktes

60.10.15.10.15.05.02. Rind

60.10.15.10.15.05.03. Schaf/Ziege

60.10.15.10.15.05.04. Pferd

60.10.15.10.15.05.05. Schwein

60.10.15.10.15.05.06. Geflügel

60.10.15.10.15.05.07. andere Tierarten

60.10.15.10.15.10. Intermediärstoffwechsel der Hauptnährstoffe (qualitativ)

60.10.15.10.15.10.03. Kohlenhydrate, Alkohol

60.10.15.10.15.10.05. organische Säuren

60.10.15.10.15.10.07. Eiweiß-Peptide-Aminosäuren-Amide

60.10.15.10.15.10.09. Lipide

60.10.15.10.15.12. Umsatz und Verwertung der N-haltigen Nährstoffe
- für Mineralstoffe
  verwende 60.10.15.10.15.30. Stoffwechsel und Verwertung der Mineralstoffe

60.10.15.10.15.12.05. Proteine, Peptide, Aminosäuren

60.10.15.10.15.12.10. Amide

60.10.15.10.15.15. Umsatz und Verwertung der N-freien Nährstoffe (quantitativ)

60.10.15.10.15.15.03. Kohlenhydrate, Gerüstsubstanzen

60.10.15.10.15.15.05. organische Säuren

60.10.15.10.15.15.07. Lipide

60.10.15.10.15.15.09. andere Nährstoffe

60.10.15.10.15.20. Energieumsatz und energetische Verwertung der Nährstoffe (quantitativ)

60.10.15.10.15.25. Wasserhaushalt

60.10.15.10.15.30. Stoffwechsel und Verwertung der Mineralstoffe

60.10.15.10.15.30.03. Makroelemente
<u>s. auch</u> 60.10.25.55.10.03. Makroelemente

60.10.15.10.15.30.05. Spurenelemente
<u>s. auch</u> 60.10.25.55.10.04. Spurenelemente

60.10.15.10.15.30.07. Säuren - Basenhaushalt

60.10.15.10.15.35. Stoffwechsel der Wirkstoffe

60.10.15.10.15.35.03. Vitamine und Vorstufen

60.10.15.10.15.35.05. Hormone

60.10.15.10.15.35.07. Enzyme

60.10.15.10.15.35.09. Antibiotika

60.10.15.10.15.35.10. andere Wirkstoffe

60.10.15.12. Zusammensetzung des Tierkörpers (einschl. Bestimmungsmethoden)
<u>s. auch</u> 60.10.25.70.10. Methoden bei der Untersuchung von tierischen Bestandteilen

60.10.20. <u>Mikrobiologie</u>
- für Mikrobiologie des Verdauungstraktes
<u>verwende</u> 60.10.15.10.15.05.01.
- für Mikrobiologie in Phytopathologie u. Pflanzenschutz
<u>verwende</u> die betreffende Notation unter 60.40. Phytopathologie u. Pflanzenschutz
- für Mikrobiologie der Futtermittel
<u>verwende</u> 60.45.05.10.02.06. Mikroskopische Untersuchung bzw. 60.45.05.10.04.09. Mikrobiologie
- für Mikrobiologie der Böden
<u>verwende</u> 60.15.10.20. Bodenbiologie
- für Mikrobiologie der Düngemittel
<u>verwende</u> die betreffende Notation unter 60.30.15. Düngemittel und ihre Anwendung
- für Mikrobiologie in der Veterinärmedizin
<u>verwende</u> 60.50.05.10.07. Allgemeine Mikrobiologie, Serologie, Immunologie
- für Mikrobiologie in der Nahrungsgüterwirtschaft
<u>verwende</u> 61.05.15. Mikrobiologie bzw. 61.05.10. Lebensmittelchemie; -analytik; -mikrobiologie

60.10.25. <u>Chemie</u>

60.10.25.05. Eiweiße und Aminosäuren (Proteine)

60.10.25.05.05. Eiweiße in der Pflanze

60.10.25.05.10. Eiweiße im Tier

60.10.25.15. Nukleinsäuren

60.10.25.15.05. Nukleinsäuren in der Pflanze

60.10.25.15.10. Nukleinsäuren im Tier

60.10.25.20. Kohlenhydrate

60.10.25.20.05. Kohlenhydrate in der Pflanze

60.10.25.20.10. Kohlenhydrate im Tier

60.10.25.25. Fette und Lipide

60.10.25.25.05. Fette und Lipide in der Pflanze

60.10.25.25.10. Fette und Lipide im Tier

60.10.25.30. Vitamine

60.10.25.30.05. Vitamine in der Pflanze

60.10.25.30.10. Vitamine im Tier

60.10.25.35. Organische Säuren und ihre Verbindungen

60.10.25.35.05. Organische Säuren und ihre Verbindungen in der Pflanze

60.10.25.35.10. Organische Säuren und ihre Verbindungen im Tier

60.10.25.45. Fermente

60.10.25.45.05. Fermente in der Pflanze

60.10.25.45.10. Fermente im Tier

60.10.25.50. Hormone

60.10.25.50.05. Hormone in der Pflanze

60.10.25.50.10. Hormone im Tier
A. Wachstumsregulatoren der Pflanzen 60.30.25.

60.10.25.55. Mineralstoffe

60.10.25.55.05. Mineralstoffe in der Pflanze

60.10.25.55.05.03. Makroelemente (Na, K, Ca, P, N, S, C, O, Mg)

60.10.25.55.05.04. Spurenelemente (einschl. toxischer Elemente)

60.10.25.55.10. Mineralstoffe im Tier

60.10.25.55.10.03. Makroelemente
s. auch 60.10.15.10.15.30.03. Makroelemente

60.10.25.55.10.04. Spurenelemente
s. auch 60.10.15.10.15.30.05. Spurenelemente

60.10.25.65. sekundäre Naturstoffe
s. auch 60.40.25.30. Pflanzenschutzmittel gegen tierische Schädlinge, Krankheitserreger und Unkräuter

60.10.25.65.05. sek. Naturstoffe in der Pflanze (Abbauprodukte)

60.10.25.65.10. sek. Naturstoffe im Tier

60.10.25.65.15. Mykotoxine

60.10.25.65.20. andere Wirkstoffe und Stoffe mit Wirkstoffcharakter

60.10.25.70. Untersuchungsmethoden u. Apparaturen

60.10.25.70.05. Methoden bei der Untersuchung von Pflanzen

60.10.25.70.10. Methoden bei der Untersuchung von tier. Bestandteilen
s. auch 60.10.15.12. Zusammensetzung des Tierkörpers
s. auch 60.55.65. Meßtechnik u. Laborausrüstungen

60.10.30. Genetik und Evolutionsforschung

60.10.30.05. Zytologische Grundlagen der Vererbung und ontogenetischen Entwicklung (Mitose; Meiose; crossing over; Kopplung; Genwirkung; genetische Information; DNS; RNS; Protoplastenfusion; Gentransfer; genetic engineering; Molekulargenetik)

60.10.30.05.05. Zytologische Grundlagen der Vererbung bei der Pflanze

60.10.30.05.10. Zytologische Grundlagen der Vererbung beim Tier

60.10.30.10. Gesetzmäßigkeiten der Vererbung (Mendelsche Gesetze; andere genetische Gesetze; chromosomale und zytoplasmatische Vererbung)

60.10.30.10.05. Gesetzmäßigkeiten der Vererbung bei der Pflanze

60.10.30.10.10. Gesetzmäßigkeiten der Vererbung beim Tier

60.10.30.15. Mutation und Modifikation (Erbliche und nichterbliche Variabilität und ihre Ursachen)

60.10.30.15.05. Mutation und Modifikation bei der Pflanze

60.10.30.15.10. Mutation und Modifikation beim Tier

60.10.30.25. Populationsgenetik (Genetische Struktur der Populationen; Vererbung in der Population; Zahlenmäßige Stärke (auch Zahl; Häufigkeit) in der Population; Mutationsprozeß in der Population; Auslese)

60.10.30.25.05. Populationsgenetik bei der Pflanze

60.10.30.25.10. Populationsgenetik beim Tier

60.10.30.30. Evolution und Artbildung (Faktoren und Richtungen der Evolution und Artbildung)

60.10.30.30.05. Evolution und Artbildung bei der Pflanze

60.10.30.30.10. Evolution und Artbildung beim Tier

60.15. <u>Bodenkunde</u>

60.15.05. <u>Allgemeine Fragen der Bodenkunde</u>

60.15.05.05. Wissenschaftlich-methodische Fragen der Bodenkunde

60.15.05.10. Lehre von der Bodenfruchtbarkeit

60.15.05.15. Standortaufnahme

60.15.10. <u>Bodenphysik, Bodenchemie und Bodenbiologie</u>

60.15.10.05. Bodenuntersuchung

60.15.10.05.05. Physik des Bodens

60.15.10.05.10. Biologie des Bodens

60.15.10.05.15. Chemie des Bodens

60.15.10.10. Bodenphysik

60.15.10.10.05. Bodentextur

60.15.10.10.10. Bodenstruktur

60.15.10.10.15. Temperatur-, Wasser-, Lufthaushalt

60.15.10.20. Bodenbiologie (Umsetzung von N, Mineralstoffen, organischen Stoffen)

60.15.10.20.05. Bodenorganismen

60.15.10.20.10. Ökologie der Bodenorganismen (Rhizosphäre, Mykorrhiza, Symbiose)

60.15.10.25. Bodenchemie

60.15.10.25.05. anorganische Bodenbestandteile

60.15.10.25.10. organische Bodenbestandteile

60.15.10.25.15. Sorption, Ionenaustausch

60.15.10.25.20. Reaktion, Pufferung

60.15.10.25.25. Radioaktivität

60.15.15. <u>Bodengenese</u>

60.15.15.05. Bedingungen und Faktoren der Bodenbildung (Gesteine)

60.15.15.10. Bodenbildungsprozesse

60.15.15.15. Bodenprofil und genetische Horizonte

60.15.20. <u>Bodengeographie</u>

60.15.20.05. Bodenzonen

60.15.20.10. Interzonale Böden

60.15.20.15. Bodenkartierung

60.15.25. <u>Bodenklassifikation</u>

60.15.25.05. Genetische Bodenklassifikation (hydromorphe Böden; Podsolböden; Braunerden; Schwarzerden; Böden der Trockenzone; Roterden)

60.15.25.10. Morphologische Bodenklassifikation

60.15.25.15. Komplexe Beschreibung der Böden

60.15.30. <u>Bodenbewertung</u>

60.15.30.05. Bodenbonitierung

60.15.30.10. Ökonomische Bodenbewertung
A. Bodenkataster (60.20.40.05.)

60.15.35. <u>Bodenerosion</u>
<u>s. auch</u> 60.20.30. Bekämpfung der Bodenerosion

60.15.35.05. Erosion als komplexes physikal.-geograf. u. volkswirtsch. Problem

60.15.35.10. Erosionsarten (einschl. Bodenversalzung)
- für Bekämpfung der Versalzung von Böden <u>verwende</u> 60.30.20.05.
<u>s. auch</u> 60.25.10.25. Bekämpfung des Versalzens und Versumpfens bewässerter Böden

60.20. Ackerbau

60.20.05. Allgemeine Fragen des Ackerbaus

60.20.05.03. allg. Ackerbau, Bodennutzung, allg. Fragen der Fruchtfolge, Erhöhung der Produktivität der Böden
- für Bodenfruchtbarkeit
verwende 60.15.05.10.

60.20.05.05. Agrophysik (physikalische Methoden der Untersuchung der Lebensbedingungen der landwirtschaftlichen Kulturpflanzen und ihre Regulierung)

60.20.05.10. Produktion von Biomasse zur Energiegewinnung (z.B. Äthanol)
- für Biogas
verwende 60.55.05.45. Energiebedarf der Landwirtschaft

60.20.15. Ackerbausysteme und Fruchtfolgen

60.20.15.05. Fruchtfolgearten (Futter- u.a.)

60.20.15.06. Vorfrüchte

60.20.15.07. Zwischenfrüchte und Untersaaten

60.20.15.08. Notwendigkeit u. ökonomischer Wert der Fruchtfolge

60.20.15.10. Ackerbausysteme (alternative Landwirtschaft einschl. biologisch dynamische Wirtschaftsweise)

60.20.20. Bodenbearbeitung

60.20.20.05. Hauptbodenbearbeitung (Pflügen)

60.20.20.10. Spezielle Bodenbearbeitung (Plantagenpflügen; Schichtpflügen; Tieflockerung; Fräsen; Bearbeitung mit dem Maulwurfpflug; Spalten; Umdämmen, Grubbern; melioratives Pflügen)

60.20.20.15. Oberflächenbearbeitung des Bodens (Walzen; Eggen; Abschleppen; Schälfurche; Scheibeneggen; Häufeln; Furchenziehen)

60.20.20.20. Rationelle Bodenbearbeitungssysteme (zu einzelnen Kulturarten bei unterschiedlichen Klima- und Bodenbedingungen, Minimalbearbeitung, kombinierte Bearbeitung, Mulchen)

60.20.25. <u>Erschließung (Urbarmachung) von Ländereien</u>

60.20.25.05. Urbarmachung von Böden (Rekultivierung u. a.)

60.20.25.10. Neulandgewinnung

60.20.30. <u>Bekämpfung der Bodenerosion</u>
<u>s. auch</u> 60.25. Landwirtschaftliche Melioration
<u>s. auch</u> 60.85.30. Bodenmelioration durch waldbauliche Maßnahmen
<u>s. auch</u> 60.15.35. Bodenerosion

60.20.30.05. Agrotechnische Maßnahmen
<u>s. auch</u> (60.35.05.15.)

60.20.30.10. Hydrotechnische Maßnahmen

60.20.30.15. Waldmelioration (einschl. Flurgehölzanbau und Anlage von Waldschutzstreifen)

60.20.30.20. Organisatorische Fragen

60.20.35. <u>Bodennutzung</u>

60.20.35.05. Landwirtschaftliche Bodenfonds

60.20.35.10. Rayonplanung

60.20.40. <u>Flurbereinigung</u>

60.20.40.05. Bodenkataster

60.20.40.10. Innerbetriebliche Flurbereinigung

60.20.40.15. Zwischenbetriebliche Flurbereinigung
A. Bodenbonitierung (60.15.30.05.)

60.23. <u>Agrarmeteorologie. Agrarklimatologie</u>

60.23.05. Agrarmeteorologische Prognosen

60.23.10. Feuchtigkeitshaushalt der Luft
- für Feuchtigkeitshaushalt des Bodens
<u>verwende</u> 60.15.10.10.15. Temperatur-, Wasser-, Lufthaushalt

60.23.15. Temperaturhaushalt der Luft
- für Temperaturhaushalt des Bodens
<u>verwende</u> 60.15.10.10.15. Temperatur-, Wasser-, Lufthaushalt

60.23.20. Prognostizierung der Ertragfähigkeit

60.23.25. Wetter, Witterung, Klima und Pflanze

60.23.30. Wetter, Witterung, Klima und Boden

60.23.35. Untersuchungsmethoden und Apparaturen

60.25. <u>Landwirtschaftliche Melioration</u>
<u>s. auch</u> 60.20.30. Bekämpfung der Bodenerosion

60.25.05. <u>Allgemeine Fragen der landwirtschaftlichen Melioration</u>
- für Projektierungen, Investitionen, Nutzeffekt im Meliorationswesen
<u>verwende</u> 60.01.15.05. Meliorationswesen

60.25.05.05. Natürliche Grundlagen der Melioration (einschl. hydrologischer Grundlagen)

60.25.05.10. Entwicklung der Meliorationswissenschaft

60.25.05.15. Bedeutung der Melioration für die Erhöhung der Bodenfruchtbarkeit

60.25.10. <u>Bewässerung</u>

60.25.10.05. Bewässerungsarten (anfeuchtende, bodenreinigende u.a. Bewässerung)

60.25.10.10. Bewässerungssystem (RR u.a.)

60.25.10.15. Bewässerungshaushalt (Wirkung des Wassers auf Pflanze u. Boden, Wasserbedarf)

60.25.10.20. Bewässerungsverfahren (Beregnung, Rieselung)

60.25.10.25. Bekämpfung des Versalzens und Versumpfens bewässerter Böden

60.25.10.30. Bewässerung der verschiedenen Kulturpflanzen mit Abwasser
<u>s. auch</u> 61.05.20.05.35. Brauch- und Abwasser
<u>s. auch</u> 60.30.15.10.25. Klärschlamm
<u>s. auch</u> 60.50.15.25.03. Abwasserverwertung

60.25.15. <u>Entwässerung</u>

60.25.15.05. Arten der Entwässerung (Abfluß, Senkung d. Grundwasserstandes)

60.25.15.10. zweiseitige Regulierung des Wasserhaushaltes

60.25.15.15. Entwässerung durch Dränung

60.25.15.20. Entwässerung durch Gräben

60.25.20. <u>Wasserversorgung in der Landwirtschaft</u>

60.25.20.05. Wasserleitungsnetz

60.25.20.10. Wasserquellen

60.25.20.15. Wasserverbrauchsnormen

60.25.20.20. Wasserversorgung der Weiden

60.25.20.25. Trinkwasseraufbereitung

60.25.25. <u>Meliorationsanlagen in der Landwirtschaft</u>

60.25.25.05. Absetzbecken

60.25.25.10. Wasserspeicher; Gewässer

60.25.25.15. Trenneinrichtungen

60.25.25.20. Wasserführungs- und Wasserabführungskanäle, Grabeninstandhaltung
- für Krautung
  <u>verwende</u> 60.40.25.15. Unkrautbekämpfung

60.25.25.25. Regulierungseinrichtungen

60.25.25.30. Nutzung von Meliorationsanlagen in der Landwirtschaft

60.30. <u>Agrochemie</u> (ohne Pflanzenschutz)
- für Phytopathologie und Pflanzenschutz
<u>verwende</u> 60.40.

60.30.05. <u>Allgemeine Fragen der Agrochemie</u>

60.30.05.10. Agrochemische Betreuung (Agrochemische Laboratorien; ACZ; sonstige Formen der agrochemischen Betreuung)

60.30.05.15. Chemisierung der Landwirtschaft (Düngemittelherstellung)

60.30.05.20. Umweltbelastung durch Düngemittel

60.30.10. <u>Agrochemische Untersuchungen</u>

60.30.10.05. Agrochemische Untersuchungsmethoden (Chem. Analysen von Erden, Substraten, Nährlösungen)
- für chem. Analysen von Pflanzen
<u>verwende</u> 60.10.25.70.05. Methoden bei der Untersuchung von Pflanzen
- für chem. Analysen von Böden
<u>verwende</u> 60.15.10.05.15. Chemie des Bodens

60.30.10.08. Agrochemische Untersuchung von Düngemitteln

60.30.15. <u>Düngemittel und ihre Wirkung auf Böden und Pflanzen</u>
- für nährstoff- und nährstoffmangelbedingte Krankheiten
<u>verwende</u> 60.40.10.25. Nichtparasitäre Krankheiten und Schäden

60.30.15.05. Mineralische Düngemittel

60.30.15.05.05. N-Düngemittel (einschl. Nitrifizide)

60.30.15.05.10. P-Düngemittel

60.30.15.05.15. K-Düngemittel

60.30.15.05.20. Kalkdüngemittel

60.30.15.05.25. Düngemittel anderer Nährstoffe (Mg, S, Spurennährstoffe)

60.30.15.05.30. Mehrnährstoffdüngemittel

60.30.15.05.35. anorganische Abfallstoffe (Schlacke, Staub)

60.30.15.10. Organische Düngemittel

60.30.15.10.05. Gründünger, Stroh, Silagesaft, Rübenblatt

60.30.15.10.10. Tierische Exkremente (Stallmist)
s. auch 60.50.15.25.01. Verwertung tierischer Exkremente

60.30.15.10.12. Gülle
s. auch 60.50.15.25.01. Verwertung tierischer Exkremente

60.30.15.10.15. Komposte, Torf

60.30.15.10.20. organische Abfallstoffe (Industriehumus, Rinde)

60.30.15.10.25. Klärschlamm (einschl. Abwasser, Industrieabwasser)
s. auch 60.25.10.30. Bewässerung der verschiedenen Kulturpflanzen mit Abwasser
s. auch 61.05.20.05.35. Brauch- und Abwasser
s. auch 60.50.15.25.03. Abwasserverwertung

60.30.15.10.30. sonst. org. Düngemittel

60.30.15.15. Bakterielle Düngemittel

60.30.15.45. Lagerung von Düngemitteln

60.30.15.50. Transport von Düngemitteln

60.30.20. <u>Bodenmelioration</u>

60.30.20.05. Bekämpfung der Versalzung von Böden

60.30.20.10. Gipsen von Böden

60.30.20.15. Kalken von Böden

60.30.20.20. Säuern von Böden

60.30.20.25. Melioration wenig ertragfähiger Böden (BVM, Torf u. a.)

60.30.25. <u>Wachstumsregulatoren der Pflanzen</u>
<u>s. auch</u> 60.10.25.50.05. Hormone in der Pflanze

60.30.25.05. Wachstumsinhibitoren

60.30.25.10. Wachstumsstimulatoren

60.30.25.15. Anwendung von Wachstumsregulatoren
<u>s. auch</u> 60.10.25. Chemie

60.30.30. <u>Nährmedien</u>

60.30.30.05. Splitmedien

60.30.30.10. Wassermedien

60.30.30.15. Substrate (einschl. Gewächshaussubstrate, Erden)

60.30.30.20. Luftmedien

60.30.30.25. Sonstige Nährmedien

60.30.30.30. Methoden zur Anzucht auf Nährmedien (einschl. Gewebekultur, Zellkultur)
A. Landwirtschaftliche Chemie (60.10.25.)
A. Landwirtschaftliche Botanik (60.10.10.)

60.35. Pflanzenproduktion

60.35.05. Allgemeiner Pflanzenbau (einschl. Ertrag allgemein)

60.35.05.05. Züchtung landwirtschaftlicher Kulturpflanzen (allg. Pflanzenzüchtung)

60.35.05.05.05. Auslesezüchtung

60.35.05.05.10. Kreuzungs-Kombinationszüchtung, Hybridisation

60.35.05.05.15. Heterosiszüchtung

60.35.05.05.20. Mutationszüchtung

60.35.05.05.25. Polyploidiezüchtung

60.35.05.05.30. Resistenzzüchtung, Resistenzprobleme
- für Resistenzprobleme bei Schad- und Nutzorganismen
verwende 60.40.05.05.

60.35.05.05.35. Inzucht

60.35.05.05.40. Akklimatisierung

60.35.05.05.45. Vererbung qualitativer u. quantitativer Merkmale (Heritabilitätskoeffizient u. a.)

60.35.05.05.50. Ausgangsmaterial, Genreservoire

60.35.05.05.55. Zuchtgarten u. Zuchtgartenbetrieb
A. Landwirtschaftliche Genetik (60.10.30.)
A. Landwirtschaftliche Botanik (60.10.10.)

60.35.05.10. Samenbau landwirtschaftlicher Kulturpflanzen

60.35.05.10.05. Saat- u. Pflanzgutvermehrung (einschl. Erzeugung von virusfreiem Pflanzenvermehrungsmaterial)

60.35.05.10.10. Saat- und Pflanzgutbehandlung

60.35.05.10.15. Saat- und Pflanzgutuntersuchung

60.35.05.10.20. Saat- und Pflanzgutaufbereitung u. -lagerung

60.35.05.10.25. Sortenwesen (Sortenprüfungen, Sortenbeschreibungen, Sortenempfehlungen)

60.35.05.15. Verfahren des Anbaus landwirtschaftlicher Kulturpflanzen (Verfahren und Termine der Aussaat und des Pflanzens; Verfahren und Termine zur Pflege der Bestände; Einbringung der Ernte; Lagerung der Ernte) *

* spezielle Fragen sind den einzelnen Kulturarten zugeordnet

60.35.10. <u>Züchtung und Produktion von Getreide</u>

60.35.10.05. Züchtung von Getreide (einschl. Hirse, Reis, Buchweizen)

60.35.10.05.05. Züchtung von Weizen

60.35.10.05.10. Züchtung von Roggen

60.35.10.05.15. Züchtung von Gerste

60.35.10.05.20. Züchtung von Hafer

60.35.10.05.25. Züchtung von Triticale, u. a. Gattungskreuzungen

60.35.10.05.30. Züchtung von Körnermais
<u>s. auch</u> 60.35.55.05.20. Züchtung von Grünmais u. Silomais
- für Züchtung von Zuckermais
  <u>verwende</u> 60.35.25.01.15. Züchtung von Fruchtgemüse

60.35.10.10. Produktion von Getreide (einschl. Hirse, Reis, Buchweizen)

60.35.10.10.05. Produktion von Weizen

60.35.10.10.10. Produktion von Roggen

60.35.10.10.15. Produktion von Gerste

60.35.10.10.20. Produktion von Hafer

60.35.10.10.25. Produktion von Triticale u. a. Gattungskreuzungen

60.35.10.10.30. Produktion von Körnermais
s. auch 60.35.55.10.15. Produktion von Grün- u. Silomais
- für Produktion von Zuckermais
  verwende 60.35.25.15.30.

60.35.15.10. Produktion von Körnerleguminosen
- für Züchtung von Körnerleguminosen
  verwende 60.35.55.05.05. Züchtung von Leguminosen (einschl. Körnerleguminosen)

60.35.15.10.05. Produktion von Felderbsen, Futtererbsen

60.35.15.10.10. Produktion von Ackerbohnen, Saubohnen

60.35.15.10.15. Produktion von Lupinen

60.35.15.10.20. Produktion von Sojabohnen

60.35.20. Züchtung und Produktion von Industriepflanzen

60.35.20.05. Züchtung von Industriepflanzen

60.35.20.05.05. Züchtung von Zuckerrüben
s. auch 60.35.55.05.15. Züchtung von Knollen- u. Wurzelfrüchten

60.35.20.05.10. Züchtung von Ölpflanzen

60.35.20.05.15. Züchtung von Faserpflanzen

60.35.20.05.20. Züchtung von Hopfen

60.35.20.05.25. Züchtung von Tabak

60.35.20.05.30. Züchtung von Heil-, Duft- und Gewürzpflanzen (einschl. Knoblauch)

60.35.20.10. Produktion von Industriepflanzen

60.35.20.10.05. Produktion von Zuckerrüben

60.35.20.10.10. Produktion von Ölpflanzen

60.35.20.10.10.05. Produktion von Raps, Rübsen, Senf, Sonnenblumen

60.35.20.10.10.10. Produktion von Mohn

60.35.20.10.10.15. Produktion von Öllein

60.35.20.10.15. Produktion von Faserpflanzen

60.35.20.10.15.05. Produktion von Faserlein

60.35.20.10.15.10. Produktion von Hanf

60.35.20.10.20. Produktion von Sonderkulturen

60.35.20.10.20.05. Produktion von Hopfen

60.35.20.10.20.10. Produktion von Tabak

60.35.20.10.20.20. Produktion von Heil-, Duft- und Gewürzpflanzen (einschl. Knoblauch)

60.35.25. <u>Züchtung und Produktion von Gemüse</u>

60.35.25.01. Züchtung von Gemüse für Freilandanbau und Unterglasanbau

60.35.25.01.05. Züchtung von Kohlgemüse

60.35.25.01.10. Züchtung von Wurzelgemüse

60.35.25.01.15. Züchtung von Fruchtgemüse

60.35.25.01.20. Züchtung von Blatt- und Stielgemüse

60.35.25.01.25. Züchtung von Zwiebelgemüse

60.35.25.01.30. Züchtung von Speisepilzen

60.35.25.03. Produktion von Gemüse für Freilandanbau

60.35.25.04. Produktion von Gemüse für Unterglasanbau

60.35.25.05. Produktion von Gemüse für Freilandanbau und Unterglasanbau

60.35.25.05.05. Produktion von Kohlgemüse

60.35.25.05.05.05. Produktion von Blumenkohl

60.35.25.05.05.10. Produktion von Chinakohl

60.35.25.05.05.15. Produktion von Grünkohl

60.35.25.05.05.20. Produktion von Kohlrabi

60.35.25.05.05.25. Produktion von Kopfkohl

60.35.25.05.05.30. Produktion von Rosenkohl

60.35.25.05.05.35. Produktion von Broccoli

60.35.25.10. Produktion von Wurzelgemüse

60.35.25.10.05. Produktion von Möhren

60.35.25.10.10. Produktion von Rettich, Radies

60.35.25.10.15. Produktion von Roten Rüben

60.35.25.10.20. Produktion von Sellerie

60.35.25.10.25. Produktion von Schwarzwurzeln, Petersilie

60.35.25.15. Produktion von Fruchtgemüse

60.35.25.15.05. Produktion von Gurken

60.35.25.15.10. Produktion von Tomaten

60.35.25.15.15. Produktion von Paprika

60.35.25.15.20. Produktion von Pflückbohnen (einschl. Puffbohnen)

60.35.25.15.25. Produktion von Pflückerbsen

60.35.25.15.30. Produktion von Zuckermais

60.35.25.15.35. Produktion von Kürbis (einschl. Gemüsekürbis)

60.35.25.20. Produktion von Blatt- und Stielgemüse (einschl. Bleichsellerie)

60.35.25.20.05. Produktion von Chicorée

60.35.25.20.10. Produktion von Salat

60.35.25.20.15. Produktion von Spinat

60.35.25.20.20. Produktion von Rhabarber

60.35.25.20.25. Produktion von Spargel

60.35.25.20.30. Produktion von Knollenfenchel

60.35.25.25. Produktion von Zwiebelgemüse
- für Produktion von Knoblauch
<u>verwende</u> 60.35.20.10.20.20. Produktion von Heil-, Duft- u. Gewürzpflanzen (einschl. Knoblauch)

60.35.25.25.05. Produktion von Zwiebeln

60.35.25.25.10. Produktion von Porree

60.35.25.25.15. Produktion von Schnittlauch

60.35.25.30. Produktion von Speisepilzen

60.35.25.30.05. Produktion von Champignons

60.35.25.30.10. Produktion von sonst. Speisepilzen

60.35.30. <u>Züchtung und Produktion von Kartoffeln</u>

60.35.30.05. Züchtung von Kartoffeln

60.35.30.10. Produktion von Kartoffeln

60.35.35. <u>Züchtung und Produktion von Melonen</u>

60.35.35.05. Züchtung von Melonen

60.35.35.10. Produktion von Melonen

60.35.40. <u>Züchtung und Produktion von Obst und Beerenobst</u>

60.35.40.05. Züchtung von Obst und Beerenobst

60.35.40.05.05. Züchtung von Kernobst

60.35.40.05.10. Züchtung von Steinobst

60.35.40.05.15. Züchtung von Schalenobst

60.35.40.05.20. Züchtung von Beerenobst

60.35.40.10. Produktion von Obst und Beerenobst (einschl. Obstbaumschule)

60.35.40.10.05. Produktion von Kernobst (einschl. Edeleberesehen)

60.35.40.10.05.05. Produktion von Äpfeln

60.35.40.10.05.10. Produktion von Birnen

60.35.40.10.05.15. Produktion von Quitten

60.35.40.10.10. Produktion von Steinobst

60.35.40.10.10.05. Produktion von Kirschen

60.35.40.10.10.10. Produktion von Pflaumen

60.35.40.10.10.15. Produktion von Pfirsichen

60.35.40.10.10.20. Produktion von Aprikosen

60.35.40.10.15. Produktion von Schalenobst

60.35.40.10.15.05. Produktion von Walnüssen

60.35.40.10.15.10. Produktion von Haselnüssen

60.35.40.10.20. Produktion von Beerenobst

60.35.40.10.20.05. Produktion von Erdbeeren

60.35.40.10.20.10. Produktion von Johannisbeeren

60.35.40.10.20.15. Produktion von Stachelbeeren

60.35.40.10.20.20. Produktion von Himbeeren

60.35.40.10.20.25. Produktion von Heidelbeeren

60.35.40.10.20.30. Produktion von Preiselbeeren

60.35.40.10.20.35. Produktion von Brombeeren

60.35.40.10.25. Sonstige Obstarten (Hagebutten, Sanddorn u. a.)

60.35.45. Züchtung und Produktion von Reben

60.35.45.05. Züchtung von Reben

60.35.45.10. Produktion von Reben

60.35.50. Züchtung und Produktion tropischer und subtropischer Kulturen

60.35.50.05. Züchtung von tropischen und subtropischen Kulturen

60.35.50.10. Anbau tropischer und subtropischer Kulturen (Kokospalmen; Dattelpalmen; Oliven; Granatäpfel; Avocadobäume; Apfelsinen; Mandarinen; Pampelmusen; Zitronen; Zuckerrohr; Baumwolle)

60.35.55. <u>Züchtung und Produktion von Futterpflanzen</u>

60.35.55.05. Züchtung von Futterpflanzen

60.35.55.05.05. Züchtung von Leguminosen (einschl. Körnerleguminosen)

60.35.55.05.10. Züchtung von Gräsern

60.35.55.05.15. Züchtung von Knollen- u. Wurzelfrüchten (Beta-, Brassica-Rüben)
<u>s. auch</u> 60.35.20.05.05. Züchtung von Zuckerrüben

60.35.55.05.20. Züchtung von Grün- und Silomais
<u>s. auch</u> 60.35.10.05.30. Züchtung von Körnermais
- für Züchtung von Zuckermais
  <u>verwende</u> 60.35.25.01.15. Züchtung von Fruchtgemüse

60.35.55.10. Produktion von Futterpflanzen

60.35.55.10.01. Produktion einjähriger Futterpflanzen

60.35.55.10.05. Produktion mehrjähriger Futterpflanzen (Saatgras, Leguminosen und Gemische außer Körnerleguminosen)

60.35.55.10.10. Produktion von Futterhackfrüchten

60.35.55.10.15. Produktion von Grün- und Silomais
<u>s. auch</u> 60.35.10.10.30. Produktion von Körnermais
- für Produktion von Zuckermais
  <u>verwende</u> 60.35.25.15.30.

60.35.55.10.20. Zwischenfruchtanbau

60.35.60. <u>Graslandwirtschaft</u>

60.35.60.05. Wiesen

60.35.60.10. Weiden

60.35.60.15. Wechselweiden

60.35.65. <u>Züchtung und Produktion von Zierpflanzen</u>
- für Kühlung und Vermarktung von Zierpflanzen
  <u>verwende</u> 60.55.10.05.10. Mechanisierung der Zierpflanzenproduktion unter Glas bzw. 60.55.10.65. Mechanisierung der Zierpflanzenproduktion im Freiland bzw. 60.55.10.70. Mechanisierung der Baumschulproduktion
- für Lagerung von Zierpflanzen
  <u>verwende</u> 60.35.70.20. Lagerung der Erzeugnisse des Pflanzenbaus

60.35.65.03. Züchtung von Zierpflanzen (einschl. Ziergehölze)

60.35.65.03.05. Züchtung von Schnittblumen (einschl. Schnittrosen)

60.35.65.03.10. Züchtung von Topfpflanzen (einschl. Kakteen u. Sukkulenten)

60.35.65.03.15. Züchtung von Stauden

60.35.65.03.20. Züchtung von Beet- und Balkonpflanzen

60.35.65.03.21. Züchtung von Blumenzwiebeln und -knollen

60.35.65.03.25. Züchtung von Laubgehölzen (einschl. Rosengehölze)

60.35.65.03.30. Züchtung von Nadelgehölzen

60.35.65.05. Produktion von Zierpflanzen (einschl. Ziergehölzbaumschule)

60.35.65.05.05. Produktion von Schnittblumen (einschl. Schnittrosen)

60.35.65.05.10. Produktion von Topfpflanzen (einschl. Kakteen und Sukkulenten)

60.35.65.05.15. Produktion von Stauden

60.35.65.05.20. Produktion von Beet- und Balkonpflanzen

60.35.65.05.21. Produktion von Blumenzwiebeln und -knollen

60.35.65.05.25. Produktion von Laubgehölzen (einschl. Rosengehölzanzucht)

60.35.65.05.30. Produktion von Nadelgehölzen

60.35.65.05.35. Binderei u. Dekoration (Pflanzen am Arbeitsplatz)

60.35.65.05.40. Garten- und Landschaftsgestaltung (einschl. Grünflächen)

60.35.70. __Erzeugnisse des Pflanzenbaus__
__s. auch__ 61. Nahrungsgüterwirtschaft

60.35.70.15. Qualitätsbestimmung der Erzeugnisse

60.35.70.20. Lagerung der Erzeugnisse des Pflanzenbaus

60.35.80. __Futterkonservierung und -lagerung__
__s. auch__ 60.55.10. Mechanisierung der Prozesse der Pflanzenproduktion

60.35.80.05. Gärfutterbereitung (einschl. Hackfruchtsilierung)

60.35.80.10. Trocknung (einschl. technische Trocknung)

60.35.80.15. Trockenfutterherstellung

60.35.80.15.05. Strohaufbereitung (einschl. Strohaufschluß)

60.35.80.15.10. Teilfertigfuttermittel-, Fertigfuttermittel- u. Mischfuttermittelproduktion (einschl. Pelletierung u. Grünmehlherstellung)
__s. auch__ 61.20.15.25. Mischfutter, Getreidepelletierung

60.35.80.20. Heubereitung
__s. auch__ 60.45.05.10.02.08. Heubewertung

60.35.80.25. Herstellung von Proteinkonzentraten aus Blattpflanzen für Futterzwecke

60.35.80.30. Konservierung u. Lagerung von Körnerfrüchten für Futterzwecke

60.40. <u>Phytopathologie und Pflanzenschutz</u>

60.40.05. <u>Allgemeine Fragen der Phytopathologie</u>

60.40.05.03. Krankheitslehre (Infektionen, Epidemien)

60.40.05.05. Resistenzprobleme bei Schad- und Nutzorganismen
- für Resistenzprobleme bei Pflanzen
<u>verwende</u> 60.35.05.05.30.

60.40.05.10. Ökologische Probleme bei Schad- und Nutzorganismen (Wechselbeziehungen zwischen Organismen und Umwelt; Anpassung der Organismen; Temperatureinflüsse und sonstige Einwirkungen auf Organismen)
- für Ökologie der Pflanzen
<u>verwende</u> 60.10.10.35.

60.40.05.15. Ertragsverluste durch Schädlinge, Krankheiten, Unkräuter (einschl. Lagerverluste)

60.40.10. <u>Landwirtschaftliche Phytopathologie</u> (einschl. Schmarotzerpflanzen)
hier nur Schadorganismen erfassen
- für Nutzorganismen
<u>verwende</u> 60.40.25.05.05. Biologische Bekämpfung bzw. 60.40.25.10.05. Biologische Bekämpfung

60.40.10.05. Bakterien

60.40.10.10. Viren
- für Erzeugung von virusfreiem Pflanzenvermehrungsmaterial
<u>verwende</u> 60.35.05.10.05. Saat- u. Pflanzgutvermehrung

60.40.10.15. Pilze

60.40.10.20. Krankheiten mit unbekannten Ursachen

60.40.10.25. Nichtparasitäre Krankheiten und Schäden (einschl. nährstoff- und nährstoffmangelbedingte Krankheiten; Beschädigungen)

60.40.10.30. Mykoplasmen, Spiroplasmen, Rickettsien, u. a. Organismen

60.40.10.35. Nematoden

60.40.10.40. Weichtiere

60.40.10.45. Milben

60.40.10.50. Insekten

60.40.10.55. Wirbeltiere

60.40.15. <u>Tierische Schädlinge landwirtsch. Kulturpflanzen</u>

60.40.15.03. Getreide (einschl. Körnermais)

60.40.15.07. Körnerleguminosen

60.40.15.08. Industriepflanzen

60.40.15.08.05. Zuckerrüben

60.40.15.08.10. Ölpflanzen

60.40.15.08.15. Faserpflanzen

60.40.15.08.20. Sonderkulturen (Hopfen, Tabak, Heil-, Duft-, Gewürzpflanzen, Knoblauch)

60.40.15.20. Gemüse, Melonen, Speisepilze

60.40.15.25. Kartoffeln

60.40.15.30. Obst- und Beerenobst

60.40.15.35. Reben

60.40.15.40. Tropische und subtropische Kulturen

60.40.15.45. Futterpflanzen (einschl. Grün- u. Silomais)

60.40.15.50. Zierpflanzen

60.40.15.55. nicht kultivierte Pflanzen (einschl. Nutzpflanzen u. Unkräuter)

60.40.18. <u>Krankheiten landwirtsch. Kulturpflanzen</u>

60.40.18.05. Getreide (einschl. Körnermais)

60.40.18.10. Körnerleguminosen

60.40.18.15. Industriepflanzen

60.40.18.15.05. Zuckerrüben

60.40.18.15.10. Ölpflanzen

60.40.18.15.15. Faserpflanzen

60.40.18.15.20. Sonderkulturen (Hopfen, Tabak, Heil-, Duft- und Gewürzpflanzen, Knoblauch)

60.40.18.20. Gemüse, Melonen, Speisepilze

60.40.18.25. Kartoffeln

60.40.18.30. Obst- und Beerenobst

60.40.18.35. Reben

60.40.18.40. Tropische und subtropische Kulturen

60.40.18.45. Futterpflanzen (einschl. Grün- u. Silomais)

60.40.18.50. Zierpflanzen

60.40.18.55. nicht kultivierte Pflanzen (einschl. Nutzpflanzen u. Unkräuter)

60.40.20. Unkräuter, Ungräser (einschl. ihrer Biologie)

60.40.20.05. Klassifizierung der Unkräuter (nach Vermehrung, Verbreitung, Standort u. Spezialisierung)

60.40.20.10. Prognose des Auftretens und der Verbreitung d. Unkräuter

60.40.20.15. Verunkrautung des Bodens und der Bestände

60.40.25. Maßnahmen des Pflanzenschutzes (einschl. Bodenuntersuchung)
- für Entseuchungsmittel
verwende 60.40.25.30. Pflanzenschutzmittel gegen tierische Schädlinge, Krankheitserreger und Unkräuter

60.40.25.01. Untersuchungsmethoden (Isolierung, Darstellung, Bestimmung, Analysenmethoden, Anwendung der EDV)

60.40.25.02. Rückstandsbestimmung von Pflanzenschutzmitteln und Mitteln zur Steuerung biol. Prozesse (MBP)

60.40.25.03. Überwachung, Prognose, Quarantänewesen

60.40.25.05. Maßnahmen gegen tierische Schädlinge

60.40.25.05.05. Biologische Bekämpfung (Biologie u. Einsatz von Nutzorganismen)

60.40.25.05.10. Chemische Maßnahmen

60.40.25.05.15. Physikalische Maßnahmen

60.40.25.05.20. Mechanische Maßnahmen

60.40.25.05.25. Integrierter Pflanzenschutz

60.40.25.10. Maßnahmen gegen Krankheiten

60.40.25.10.05. Biologische Bekämpfung (Biologie u. Einsatz von Nutzorganismen)

60.40.25.10.10. Chemische Maßnahmen

60.40.25.10.15. Physikalische Maßnahmen

60.40.25.10.20. Mechanische Maßnahmen

60.40.25.10.25. Integrierter Pflanzenschutz

60.40.25.15. Unkrautbekämpfung

60.40.25.15.05. Biologische Bekämpfung

60.40.25.15.10. Chemische Maßnahmen (einschl. chemische Krautung)

60.40.25.15.15. Physikalische Maßnahmen (einschl. mechanischer Maßnahmen)

60.40.25.15.20. Integrierte Bekämpfung

60.40.25.30. Pflanzenschutzmittel gegen tierische Schädlinge, Krankheitserreger und Unkräuter
s. auch 60.10.25.65. sekundäre Naturstoffe

60.40.25.30.05. Bakterizide

60.40.25.30.10. Virizide

60.40.25.30.15. Fungizide

60.40.25.30.20. Antibiotika

60.40.25.30.25. Nematizide

60.40.25.30.30. Molluskizide

60.40.25.30.35. Akarizide

60.40.25.30.40. Insektizide

60.40.25.30.45. Aphizide

60.40.25.30.50. Rodentizide

60.40.25.30.55. Repellentien

60.40.25.30.60. Attraktantien

60.40.25.30.65. Juvenilhormone

60.40.25.30.70. Herbizide

60.40.25.30.75. Nebenwirkungen und Rückstandsverhalten von Pflanzenschutzmitteln und Mitteln zur Steuerung biol. Prozesse

60.40.25.30.75.05. Wirkung auf den Boden

60.40.25.30.75.10. Wirkung auf die Pflanze

60.40.25.30.75.15. Wirkung auf das Tier

60.40.25.30.75.20. Wirkung auf die Biozönose

60.40.25.30.75.25. Wirkung auf Nahrungsgüter

60.45. Tierproduktion

60.45.05. Allgemeine Tierzucht

60.45.05.05. Zucht landwirtschaftlicher Nutztiere

60.45.05.05.03. Fortpflanzung
s. auch 60.50.10. Physiologie u. Pathologie der Fortpflanzung

60.45.05.05.03.01. Sexualphysiologie

60.45.05.05.03.01.01. weibliches Tier

60.45.05.05.03.01.01.01. Geschlechtsorgane – Morphologie – Endokrinologie

60.45.05.05.03.01.01.02. Sexualzyklus

60.45.05.05.03.01.01.03. Befruchtung, Fruchtbarkeit

60.45.05.05.03.01.01.04. Trächtigkeit, embryonale Entwicklung
s. auch 60.50.10.05. Physiologische Trächtigkeit
s. auch 60.50.10.10. Pathologische Trächtigkeit

60.45.05.05.03.01.01.05. Geschlechtsverhältnis
- für Geburt u. Geburtshilfe
  verwende 60.50.10.15.
- für Biotechnik der Fortpflanzung (Brunststimulation, -induktion, -synchronisation, Ovulationsauslösung, -synchronisation, Eitransplantation u. a.)
  verwende 60.50.10.25.

60.45.05.05.03.01.02. männliches Tier

60.45.05.05.03.01.02.01. Geschlechtsorgane – Morphologie – Endokrinologie

60.45.05.05.03.01.02.02. Spermiogenese, Spermaproduktion, Ejakulation

60.45.05.05.03.01.02.03. Fruchtbarkeit

60.45.05.05.03.02. Künstliche Besamung

60.45.05.05.03.02.02. Spermagewinnung

60.45.05.05.03.02.03. Spermatologie

60.45.05.05.03.02.04. Spermakonservierung, -lagerung, -transport

60.45.05.05.03.02.05. Technik d. KB, Insemination

60.45.05.05.03.02.06. Organisation und Ökonomik der KB

60.45.05.05.03.02.07. Dokumentation

60.45.05.05.04. Züchtung

60.45.05.05.04.01. Rassen, Typ u. Nutzungsrichtung

60.45.05.05.04.02. Zuchtverfahren (Reinzucht, Inzucht, Kreuzung)

60.45.05.05.04.03. Konstitutionsforschung

60.45.05.05.04.04. Tierbeurteilung (Körperbeurteilung, Leistungseigenschaften, Leistungsprüfungswesen)
s. auch unter Notation Züchtung (z.B. 60.45.10.10.05.) bzw. Leistungen (z.B. 60.45.10.10.06.) bei den Tierarten

60.45.05.05.04.05. Selektion

60.45.05.05.04.05.06. Herdbuchwesen

60.45.05.05.05. Wachstum und Entwicklung
- für Gewebekultur, Zellkultur
verwende 60.30.30.30. Methoden zur Anzucht auf Nährmedien

60.45.05.05.06. Ökologie

60.45.05.05.06.01. Allgemeines

60.45.05.05.06.02. Umwelteinflüsse
- für Schadnager, Schadarthropoden
verwende 60.50.15.05. Hygiene der Fütterung bzw. 60.50.15.15. Hygiene der Tierhaltung

60.45.05.05.06.02.01. Bioklimatologie
s. auch 60.50.15.15.01. Stallklima und Biometeorologie
s. auch 60.55.55.25. Elektromechanisierung der Prozesse der Tierproduktion

60.45.05.05.06.02.02. Boden

60.45.05.05.06.02.03. Sonstige Einflüsse (einschl. Transportbelastung, Streß)

60.45.05.05.06.04. Akklimatisation und Bodenständigkeit

60.45.05.05.07. Verhaltensforschung

60.45.05.10. Futtermittel und Fütterung
s. auch Mechanisierung 60.55.40.25.

60.45.05.10.01. Allgemeine Fragen

60.45.05.10.02. Analyse
s. auch Chemie 60.10.25.
s. auch 60.55.65. Meßtechnik und Laborausrüstung

60.45.05.10.02.01. Verdaulichkeit

60.45.05.10.02.01.01. im Tierversuch (in vivo)

60.45.05.10.02.01.05. im Laboratoriumsversuch (in vitro)

60.45.05.10.02.02. N-Umsatz

60.45.05.10.02.03. Respirationsversuch

60.45.05.10.02.06. Mikroskopische Untersuchung

60.45.05.10.02.07. Silagebewertung
s. auch 60.35.80.05. Gärfutterbereitung (einschl. Hackfruchtsilierung)

60.45.05.10.02.08. Heubewertung
s. auch 60.35.80.20. Heubereitung

60.45.05.10.02.09. Mischfutterbewertung

60.45.05.10.03. Nährwert

60.45.05.10.03.01. Energie

60.45.05.10.03.01.01. DDR-Futterbewertungssystem

60.45.05.10.03.01.03. Sowjetische Futtereinheit

60.45.05.10.03.01.05. Sonstige energetische Futterbewertungssysteme

60.45.05.10.03.05. Protein

60.45.05.10.03.05.01. Proteinbewertungssysteme

60.45.05.10.04. Futterzubereitung
- für Trocknung
<u>verwende</u> 60.35.80.10. Trocknung (einschl. technische Trocknung)
- für Silierung
<u>verwende</u> 60.35.80.05. Gärfutterbereitung (einschl. Hackfruchtsilierung)
- für Strohaufschluß
<u>verwende</u> 60.35.80.15.05. Strohaufbereitung (einschl. Strohaufschluß)
- für Pelletierung
<u>verwende</u> 60.35.80.15.10. Teilfertigfuttermittel-, Fertigfuttermittel- u. Mischfuttermittelproduktion (einschl. Pelletierung und Grünmehlherstellung)

60.45.05.10.04.09. Mikrobiologie

60.45.05.10.05. Fütterungsnormen, Futterrationen

60.45.05.10.06. Praktische Fütterung
<u>s. auch</u> bei den einzelnen Tierarten

60.45.05.10.07. Futtermittel und Zusatzfuttermittel

60.45.05.10.07.01. Pflanzliche Futtermittel
<u>s. auch</u> 60.35.55. Futterpflanzen
<u>s. auch</u> 60.35.60. Graslandwirtschaft

60.45.05.10.07.01.01. Grünfutter und Trockengrünfutter

60.45.05.10.07.01.02. Gärfutter

60.45.05.10.07.01.03. Heu

60.45.05.10.07.01.04. Stroh, Spreu, Schalen

60.45.05.10.07.01.05. Körner, Samen, Früchte

60.45.05.10.07.01.06. Kartoffeln

60.45.05.10.07.01.07. Futterzuckerrüben, Futterrüben, Zuckerrüben, Rübenblatt (wenn nicht siliert)

60.45.05.10.07.01.20. Produkte industrieller Verarbeitung

60.45.05.10.07.01.21. Rückstände aus der Ölgewinnung

60.45.05.10.07.01.22. Rückstände aus der Müllerei

60.45.05.10.07.01.23. Rückstände aus der Stärkefabrikation

60.45.05.10.07.01.24. Rückstände aus Zuckerfabriken

60.45.05.10.07.01.25. Rückstände aus der Gärungsindustrie

60.45.05.10.07.01.26. Futterhefe (einschl. Myzel und Einzellerprotein)

60.45.05.10.07.01.27. Sonstige Produkte industrieller Verarbeitung

60.45.05.10.07.03. Tierische Futtermittel

60.45.05.10.07.03.01. Milch und Milchprodukte

60.45.05.10.07.03.02. Rückstände der Fleischverarbeitung

60.45.05.10.07.03.03. Rückstände der Fischverarbeitung

60.45.05.10.07.03.04. andere Futterstoffe tierischer Herkunft
- für Gülle u. a. Exkremente
  verwende 60.45.05.10.07.04.05.
s. auch 60.50.15.25.02. Tierkörper-, Nachgeburt- und Konfiskatverwertung bzw. -beseitigung

60.45.05.10.07.04. Sonstige Futterstoffe (einschl. Harnstoff, NPN, u. a. Amide)

60.45.05.10.07.04.01. Nahrungsabfälle (Küchenabfälle)

60.45.05.10.07.04.05. Gülle u. a. tierische Exkremente
s. auch org. Düngemittel 60.30.15.10.
s. auch 60.50.15.25.01. Verwertung tierischer Exkremente

60.45.05.10.07.05. Mineralfutter (Kochsalz, etc.)

60.45.05.10.07.06. Mischfutter (Alleinfuttermittel)
s. auch 61.20.20. Mischfutterrezepturen, -einsatz

60.45.05.10.07.06.01. Rind

60.45.05.10.07.06.02. Schwein

60.45.05.10.07.06.03. Geflügel

60.45.05.10.07.06.05. andere Tierarten

60.45.05.10.07.07. Zusatzfuttermittel
(mineralische, Beifuttermischungen, wirkstoffhaltige Beifuttermischungen, diätetisch wirkende Beifutter, prophylaktisch wirkende Beifutter)

60.45.05.15. Haltung und Pflege landwirtschaftlicher Nutztiere (spezielle Fragen sind den Tierarten zugeordnet, z.B. 60.45.10.10.08.)

60.45.10. <u>Rinderproduktion</u> (einschl. Büffel, Zebu u. a.)

60.45.10.01. Allgemeine Fragen der Rinderproduktion (Abstammung und Domestikation, Arten und Artbastarde, Geschichte, Verbreitung)

60.45.10.05. Arten und Rassen

60.45.10.10. Spezielle Fragen der Rinderproduktion

60.45.10.10.03. Vererbung (qualitative und quantitative Eigenschaften, Zwillingsforschung, Erbkrankheiten und Erbfehler, Immungenetik)

60.45.10.10.04. Fortpflanzung
<u>s. auch</u> 60.50.10. Physiologie u. Pathologie der Fortpflanzung

60.45.10.10.04.01. Sexualphysiologie

60.45.10.10.04.02. Geschlechts- und Zuchtreife

60.45.10.10.04.03. Brunst

60.45.10.10.04.04. Kastration

60.45.10.10.04.05. Paarung und Befruchtung (einschl. KB)

60.45.10.10.04.06. Fruchtbarkeit, Sterilität, Nutzungsdauer

60.45.10.10.04.07. Trächtigkeit
<u>s. auch</u> 60.50.10.05. Physiologische Trächtigkeit bzw. 60.50.10.10. Pathologische Trächtigkeit

60.45.10.10.04.08. Geschlechtsverhältnis
- für Geburt u. Geburtshilfe <u>verwende</u> 60.50.10.15.

60.45.10.10.05. Züchtung

60.45.10.10.05.01. Zuchtziele

60.45.10.10.05.02. Selektion

60.45.10.10.05.03. Zuchtverfahren (Reinzucht, Inzucht, Linienzucht, Kreuzung)

60.45.10.10.05.04. Erbwertschätzung

60.45.10.10.05.05. Zuchtwertschätzung

60.45.10.10.05.06. Leistungsprüfungen

60.45.10.10.05.07. Herdbuchwesen

60.45.10.10.06. Leistungen

60.45.10.10.06.01. Wachstum und Entwicklung

60.45.10.10.06.02. Milchleistung (einschl. Milchinhaltsstoffe und Milchbildung)

60.45.10.10.06.03. Fleischleistung (Mast- und Schlachtleistung)

60.45.10.10.07. Fütterung

60.45.10.10.07.01. Kälber, Jungrinder

60.45.10.10.07.02. Milchrinder

60.45.10.10.07.03. Zuchtbullen

60.45.10.10.07.04. Mastrinder

60.45.10.10.08. Haltung und Pflege

60.45.15. <u>Schaf- und Ziegenproduktion</u>

60.45.15.01. Allgemeine Fragen der Schafproduktion

60.45.15.03. Ziegenproduktion

60.45.15.05. Arten und Rassen

60.45.15.05.01. Arten und Rassen bei Schafen (einschl. Fragen der Abstammung und Domestikation, Artbastarden, Geschichte, Verbreitung)

60.45.15.05.02. Arten und Rassen bei Ziegen (einschl. Fragen der Abstammung und Domestikation, Artbastarden, Geschichte, Verbreitung)

60.45.15.10. Spezielle Fragen

60.45.15.10.01. Spezielle Fragen der Schafproduktion

60.45.15.10.01.03. Vererbung (qualitative und quantitative Eigenschaften, Erbkrankheiten und Erbfehler, Immungenetik)

60.45.15.10.01.04. Fortpflanzung
<u>s. auch</u> 60.50.10. Physiologie u. Pathologie der Fortpflanzung

60.45.15.10.01.04.01. Sexualphysiologie

60.45.15.10.01.04.02. Geschlechts- und Zuchtreife

60.45.15.10.01.04.03. Brunst

60.45.15.10.01.04.04. Kastration

60.45.15.10.01.04.05. Paarung und Befruchtung (einschl. KB)

60.45.15.10.01.04.06. Fruchtbarkeit, Sterilität, Nutzungsdauer

60.45.15.10.01.04.07. Trächtigkeit
s. auch 60.50.10.05. Physiologische Trächtigkeit bzw. 60.50.10.10. Pathologische Trächtigkeit

60.45.15.10.01.04.08. Geschlechtsverhältnis
- für Geburt u. Geburtshilfe
verwende 60.50.10.15.

60.45.15.10.01.05. Züchtung

60.45.15.10.01.05.01. Zuchtziele, Typ und Nutzungsrichtung

60.45.15.10.01.05.02. Selektion

60.45.15.10.01.05.03. Zuchtverfahren

60.45.15.10.01.05.04. Erbwertschätzung

60.45.15.10.01.05.05. Zuchtwertschätzung

60.45.15.10.01.05.06. Leistungsprüfungen

60.45.15.10.01.05.07. Herdbuchwesen

60.45.15.10.01.06. Leistungen

60.45.15.10.01.06.01. Wachstum und Entwicklung

60.45.15.10.01.06.02. Wolle und Felle

60.45.15.10.01.06.03. Fleischleistung (Mastleistung)

60.45.15.10.01.06.04. Milchleistung

60.45.15.10.01.07. Fütterung

60.45.15.10.01.07.01. Lämmer u. Jungtiere zur Zucht

60.45.15.10.01.07.02. Lämmer u. Jungtiere zur Mast

60.45.15.10.01.07.03. Mutterschafe

60.45.15.10.01.07.04. Zuchtböcke

60.45.15.10.01.07.05. Hammel zur Wollerzeugung

60.45.15.10.01.07.06. Mastschafe und Masthammel

60.45.15.10.01.07.07. Weidehaltung

60.45.15.10.01.08. Haltung und Pflege

60.45.15.10.02. Spezielle Fragen der Ziegenproduktion

60.45.15.10.02.03. Vererbung (qualitative und quantitative Eigenschaften, Erbkrankheiten und Erbfehler, Immungenetik)

60.45.15.10.02.04. Fortpflanzung
s. auch 60.50.10. Physiologie u. Pathologie der Fortpflanzung

60.45.15.10.02.04.01. Sexualphysiologie

60.45.15.10.02.04.02. Geschlechts- und Zuchtreife

60.45.15.10.02.04.03. Brunst

60.45.15.10.02.04.04. Kastration

60.45.15.10.02.04.05. Paarung und Befruchtung (einschl. KB)

60.45.15.10.02.04.06. Fruchtbarkeit, Sterilität, Nutzungsdauer

60.45.15.10.02.04.07. Trächtigkeit
s. auch 60.50.10.05. Physiologische Trächtigkeit bzw. 60.50.10.10. Pathologische Trächtigkeit

60.45.15.10.02.04.08. Geschlechtsverhältnis
- für Geburt u. Geburtshilfe
verwende 60.50.10.15.

60.45.15.10.02.05. Züchtung

60.45.15.10.02.05.01. Zuchtziele

60.45.15.10.02.05.02. Selektion

60.45.15.10.02.05.03. Zuchtverfahren

60.45.15.10.02.05.06. Leistungsprüfungen

60.45.15.10.02.05.07. Herdbuchwesen

60.45.15.10.02.06. Leistungen

60.45.15.10.02.06.01. Wachstum und Entwicklung

60.45.15.10.02.06.02. Milchleistung

60.45.15.10.02.06.03. Fleischleistung

60.45.15.10.02.06.04. Fellqualität

60.45.15.10.02.07. Fütterung

60.45.15.10.02.07.01. Aufzucht

60.45.15.10.02.07.02. Zuchttiere

60.45.15.10.02.07.03. Weidehaltung

60.45.15.10.02.08. Haltung und Pflege

60.45.20. <u>Schweineproduktion</u>

60.45.20.01. Allgemeine Fragen der Schweineproduktion (Abstammung und Domestikation, Arten und Artbastarde, Geschichte, Verbreitung)

60.45.20.05. Rassen

60.45.20.10. Spezielle Fragen der Schweineproduktion

60.45.20.10.03. Vererbung (qualitative und quantitative Eigenschaften, Erbkrankheiten und Erbfehler, Immungenetik)

60.45.20.10.04. Fortpflanzung
<u>s. auch</u> 60.50.10. Physiologie u. Pathologie der Fortpflanzung

60.45.20.10.04.01. Sexualphysiologie

60.45.20.10.04.02. Geschlechts- und Zuchtreife

60.45.20.10.04.03. Brunst

60.45.20.10.04.04. Kastration

60.45.20.10.04.05. Paarung und Befruchtung (einschl. KB)

60.45.20.10.04.06. Fruchtbarkeit, Sterilität, Nutzungsdauer

60.45.20.10.04.07. Trächtigkeit
<u>s. auch</u> 60.50.10.05. Physiologische Trächtigkeit bzw. 60.50.10.10. Pathologische Trächtigkeit

60.45.20.10.04.08. Geschlechtsverhältnis
- für Geburt u. Geburtshilfe
<u>verwende</u> 60.50.10.15.

60.45.20.10.05. Züchtung

60.45.20.10.05.01. Zuchtziele

60.45.20.10.05.02. Selektion

60.45.20.10.05.03. Zuchtverfahren (Reinzucht, Inzucht, Linienzucht, Kreuzung)

60.45.20.10.05.04. Erbwertschätzung

60.45.20.10.05.05. Zuchtwertschätzung

60.45.20.10.05.06. Leistungsprüfungen

60.45.20.10.05.07. Herdbuchwesen

60.45.20.10.06. Leistungen

60.45.20.10.06.01. Wachstum und Entwicklung

60.45.20.10.06.02. Milchleistung (einschl. Milchbildung)

60.45.20.10.06.03. Mast- und Schlachtleistung

60.45.20.10.07. Fütterung

60.45.20.10.07.01. Aufzucht

60.45.20.10.07.02. Absatzferkel, Vormastschweine

60.45.20.10.07.03. Jungeber, Jungsauen

60.45.20.10.07.04. Zuchtsauen

60.45.20.10.07.05. Zuchteber

60.45.20.10.07.06. Mastschweine

60.45.20.10.08. Haltung und Pflege

60.45.25. <u>Geflügelproduktion</u>

60.45.25.05. Hühnerproduktion

60.45.25.05.01. Allgemeine Fragen der Hühnerproduktion (Abstammung und Domestikation, Arten und Artbastarde, Geschichte, Verbreitung)

60.45.25.05.03. Rassen

60.45.25.05.05. Spezielle Fragen der Hühnerproduktion

60.45.25.05.05.03. Vererbung (qualitative und quantitative Eigenschaften, Erbkrankheiten und Erbfehler, Immungenetik)

60.45.25.05.05.04. Fortpflanzung
s. auch 60.50.10. Physiologie u. Pathologie der Fortpflanzung

60.45.25.05.05.04.01. Sexualphysiologie

60.45.25.05.05.04.02. Geschlechts- und Zuchtreife

60.45.25.05.05.04.03. Paarung und Befruchtung (einschl. KB)

60.45.25.05.05.04.04. Brut (einschl. Embryonalentwicklung)

60.45.25.05.05.04.05. Fruchtbarkeit, Sterilität, Nutzungsdauer

60.45.25.05.05.04.06. Geschlechtsverhältnis, Geschlechtsbestimmung

60.45.25.05.05.04.07. Kastration

60.45.25.05.05.05. Züchtung

60.45.25.05.05.05.01. Zuchtziele

60.45.25.05.05.05.02. Selektion

60.45.25.05.05.05.03. Zuchtverfahren

60.45.25.05.05.05.04. Erbwertschätzung

60.45.25.05.05.05.05. Zuchtwertschätzung

60.45.25.05.05.05.06. Leistungsprüfungen

60.45.25.05.05.05.07. Herdbuchwesen

60.45.25.05.05.06. Leistungen

60.45.25.05.05.06.01. Wachstum und Entwicklung (einschl. Mauser)

60.45.25.05.05.06.02. Legeleistung

60.45.25.05.05.06.03. Fleischleistung

60.45.25.05.05.06.04. Brutleistung

60.45.25.05.05.07. Fütterung

60.45.25.05.05.07.01. Aufzucht

60.45.25.05.05.07.02. Legehennen

60.45.25.05.05.07.03. Zuchttiere

60.45.25.05.05.07.04. Masttiere

60.45.25.05.05.08. Haltung und Pflege

60.45.25.10. Gänseproduktion

60.45.25.10.01. Allgemeine Fragen der Gänseproduktion

60.45.25.10.03. Gänserassen

60.45.25.10.05. Spezielle Fragen der Gänseproduktion

60.45.25.10.05.03. Vererbung

60.45.25.10.05.04. Fortpflanzung

60.45.25.10.05.05. Züchtung

60.45.25.10.05.06. Leistungen

60.45.25.10.05.07. Fütterung

60.45.25.10.05.08. Haltung und Pflege

60.45.25.15. Entenproduktion

60.45.25.15.01. Allgemeine Fragen der Entenproduktion

60.45.25.15.03. Entenrassen

60.45.25.15.05. Spezielle Fragen der Entenproduktion

60.45.25.15.05.03. Vererbung

60.45.25.15.05.04. Fortpflanzung

60.45.25.15.05.05. Züchtung

60.45.25.15.05.06. Leistungen

60.45.25.15.05.07. Fütterung

60.45.25.15.05.08. Haltung und Pflege

60.45.25.20. Putenproduktion

60.45.25.20.01. Allgemeine Fragen der Putenproduktion

60.45.25.20.03. Putenrassen

60.45.25.20.05. Spezielle Fragen der Putenproduktion

60.45.25.20.05.03. Vererbung

60.45.25.20.05.04. Fortpflanzung

60.45.25.20.05.05. Züchtung

60.45.25.20.05.06. Leistungen

60.45.25.20.05.07. Fütterung

60.45.25.20.05.08. Haltung und Pflege

60.45.25.25. Taubenproduktion

60.45.25.30. Sonstige Geflügelproduktion (Wachtel, Perlhuhn, Fasan) Fasan)

60.45.30. <u>Fischproduktion</u>

60.45.30.01. Allgemeines (einschl. Organisation u. Planung)

60.45.30.02. Biologie der fischereilichen Nutztiere

60.45.30.02.01. Biologie der Fische

60.45.30.02.01.01. Allgemeine Fragen der Biologie

60.45.30.02.01.02. Anatomie und Physiologie

60.45.30.02.01.03. Fortpflanzung und Vererbung

60.45.30.02.01.04. Bestandskunde

60.45.30.02.01.05. Verbreitung und Systematik

60.45.30.02.01.06. Verhaltensforschung

60.45.30.02.01.07. Nahrung, Alter, Wachstum, Wanderungen

60.45.30.02.01.08. Markierungen

60.45.30.02.02. Biologie der sonstigen fischereilichen Nutztiere und Nutzpflanzen

60.45.30.03. Lebensraum der Fische (Hydrographie und Hydrobiologie)

60.45.30.03.01. Stehende Gewässer

60.45.30.03.02. Fließende Gewässer

60.45.30.03.03. Brackwässer

60.45.30.03.04. Methoden der Gewässeruntersuchung und Bonitierung

60.45.30.04. Fischereiwirtschaft

60.45.30.04.01. Seen- und Flußfischerei

60.45.30.04.02. Karpfenproduktion

60.45.30.04.03. Salmonidenproduktion

60.45.30.04.04. Produktion sonstiger Fischarten

60.45.30.04.05. Küstenfischerei

60.45.30.05. Beeinflussung der Fischerei durch die Umwelt

60.45.30.06. Fischkrankheiten

60.45.30.06.01. Allgemeine Fragen der Fischpathologie

60.45.30.06.02. Infektionskrankheiten

60.45.30.06.03. Parasitäre Fischkrankheiten

60.45.30.06.04. Umweltbedingte Fischkrankheiten

60.45.30.07. Fischverarbeitung

60.45.30.08. Fangtechnik und Mechanisierung

60.45.30.09. Fischereirecht

60.45.30.10. Fischereiliche Wirtschaftsgeographie

60.45.35. <u>Pelztierproduktion</u>

60.45.35.05. Pelztierarten und -rassen

60.45.35.05.01. Chinchilla

60.45.35.05.02. Nerz

60.45.35.05.03. Nutria

60.45.35.05.04. Fuchs

60.45.35.05.05. Zobel

60.45.35.05.06. Sonstige

60.45.35.10. Spezielle Fragen der Pelztierproduktion (einschl. Vererbung, Fortpflanzung, Züchtung, Leistungen, Fütterung, Haltung und Pflege)

60.45.35.10.01. Chinchilla

60.45.35.10.02. Nerz

60.45.35.10.03. Nutria

60.45.35.10.04. Fuchs

60.45.35.10.05. Zobel

60.45.35.10.06. Sonstige

60.45.36. <u>Kaninchenproduktion</u>

60.45.36.01. Allgemeine Fragen der Kaninchenproduktion

60.45.36.03. Kaninchenrassen

60.45.36.05. Spezielle Fragen der Kaninchenproduktion

60.45.36.05.03. Vererbung

60.45.36.05.04. Fortpflanzung

60.45.36.05.05. Züchtung

60.45.36.05.06. Leistungen

60.45.36.05.07. Fütterung

60.45.36.05.08. Haltung und Pflege

60.45.37. <u>Pferdeproduktion</u>

60.45.37.01. Allgemeine Fragen der Pferdeproduktion (Abstammung und Domestikation, Arten und Artbastarde, Geschichte, Verbreitung)

60.45.37.05. Rassen

60.45.37.10. Spezielle Fragen der Pferdeproduktion

60.45.37.10.03. Vererbung

60.45.37.10.04. Fortpflanzung

60.45.37.10.05. Züchtung

60.45.37.10.06. Leistungen

60.45.37.10.07. Fütterung

60.45.37.10.08. Haltung und Pflege

60.45.38. <u>Bienenwirtschaft</u>

60.45.38.01. Allgemeine Fragen der Bienenwirtschaft

60.45.38.03. Bienenrassen und -stämme (Geschichte, Verbreitung)

60.45.38.05. Spezielle Fragen der Bienenwirtschaft

60.45.38.05.01. Anatomie und Physiologie

60.45.38.05.01.01. Verhalten

60.45.38.05.03. Vererbung

60.45.38.05.04. Fortpflanzung (Königinnenzucht, Aufzuchtverfahren, Körung und Belegstellen, KB)

60.45.38.05.07. Ein- und Überwinterung

60.45.38.05.08. Schwärmen und Schwarmverhinderung

60.45.38.05.09. Fütterung

60.45.38.05.10. Leistungen

60.45.38.05.11. Produkte der Bienenwirtschaft (Honig, Weiselfuttersaft, Wachs, Propolis, Bienengift)

60.45.38.05.12. Bienenweide (Trachtpflanzen, Wanderung, Waldtracht, Lachnide)
- für Bestäubung
verwende 60.10.05.30. Allgemeine Fragen der Botanik, allg. Fortpflanzungsbiologie (z.B. Bestäubung, Befruchtung)

60.45.38.05.13. Bienenbeute, Imkergeräte

60.45.38.05.14. Krankheiten, Schädlinge, Schadstoffe, Jahresberichte

60.45.39. Seidenraupen

60.45.40. Andere Zweige der Tierproduktion (einschl. Versuchstier

60.45.45. Tierische Erzeugnisse und ihre primäre Verarbeitung
- für Milch
verwende 61.15. Milch und Milcherzeugnisse
- für Fleisch; Eier
verwende 61.10. Fleisch- und Fleischwaren; Eier
s. auch 60.55.40.15. Mechanisierung der primären Bearbeitung tierischer Erzeugnisse

60.45.45.05. Erzeugnisse der Tierproduktion (Wolle; Haare; Federn; Borsten; Horn; Felle; Häute; usw.)

60.45.45.10. Primäre Verarbeitung tierischer Erzeugnisse (Kühlen; thermische Behandlung; sonstige Verfahren)

60.45.45.15. Qualitätsbestimmung der Erzeugnisse

60.50. <u>Veterinärmedizin</u>

60.50.05. <u>Allgemeine Fragen der Veterinärmedizin</u>

60.50.05.05. Geschichte der Veterinärmedizin

60.50.05.10. Veterinärmedizinische Wissenschaften
- für Anatomie, Histologie, Embryologie
  <u>verwende</u> 60.10.15.05. Anatomie, Histologie, Embryologie
- für Physiologie, physiologische Chemie, Pathophysiologie
  <u>verwende</u> 60.10.15.10. Physiologie
- für Radiologie
  <u>verwende</u> 60.10.05.25. Strahlenbiologie
- für Verhaltensforschung
  <u>verwende</u> 60.45.05.05.07. Verhaltensforschung

60.50.05.10.05. Allgemeine Pathologie und Pathohistologie (spezielle Fragen sind den entsprechenden Krankheiten zuzuordnen, z.B. 60.50.20.05.; Methodik (Präparation, Fixierung, Geräte u. a.)

60.50.05.10.05.10. Allgemeine Pathologie (Pathologie der Zelle und der Gewebe, Kreislaufstörungen, Entzündungen, Nekrose)

60.50.05.10.05.15. Mißbildungen und Entwicklungsstörungen

60.50.05.10.05.20. Onkologie

60.50.05.10.06. Pathogenetik
- für Erbkrankheiten und Erbfehler bei Nutztieren
  <u>verwende</u> die entsprechende Notation bei den Tierarten, z.B. 60.45.10.10.03. Vererbung

60.50.05.10.07. Allgemeine Mikrobiologie, Serologie, Immunologie (spezielle Fragen sind der entsprechenden Krankheit zuzuordnen, z.B. 60.50.20.05.)
<u>s. auch</u> 60.10.20. Mikrobiologie
- für Nährmedien
  <u>verwende</u> 60.30.30. Nährmedien

60.50.05.10.08. Hämatologie

60.50.05.10.08.05. Erythrozyten

60.50.05.10.08.10. Leukozyten

60.50.05.10.08.15. Thrombozyten und Blutgerinnung

60.50.05.10.08.20. Blutsenkung

60.50.05.10.08.25. Blutplasma - Blutserum

60.50.05.10.08.25.05. Blutersatz

60.50.05.10.08.30. Knochenmark

60.50.05.10.08.35. Blutgruppen

60.50.05.10.08.40. Erythroblastosen

60.50.05.10.09. Staatsveterinärkunde

60.50.05.10.09.05. Gesetze und Verordnungen
- für Seuchenbekämpfung, Seuchenverschleppung
  __verwende__ 60.50.15.20.
- für Tierkörperbeseitigung
  __verwende__ 60.50.15.25.02.

60.50.05.10.09.10. Gerichtliche Veterinärmedizin (Rechtsfragen, Haftpflicht, Gutachten)

60.50.05.10.09.15. Tierversicherung

60.50.05.10.09.20. Tierschutz

60.50.05.10.10. Tropenveterinärmedizin
- für Veterinärtechnik
  __verwende__ 60.55.45. Veterinärmedizinische Ausrüstungen und Instrumente

60.50.05.14. Organisation des Veterinärwesens (einschl. Abrechnung, Statistik, Dokumentation)
- für Aus- und Weiterbildung
  __verwende__ 60.50.05.15. Aus- und Weiterbildung
- für veterinärmedizinische Einrichtungen
  __verwende__ 60.50.05.25. veterinärmedizinische Einrichtungen

60.50.05.15. Aus- und Weiterbildung
__s. auch__ 60.05.45. Aus- und Weiterbildung

60.50.05.20. Veterinärdienst
(staatliches Veterinärwesen, staatliche tierärztliche Gemeinschaftspraxen u. a.)

60.50.05.25. Veterinärmedizinische Einrichtungen (Institute, Tierkliniken, Hoch- und Ingenieurschulen u. a.)
__s. auch__ 60.01.10.05. Institutionen
- für veterinärmedizinische Ausrüstungen und Instrumente
  __verwende__ 60.55.45.

60.50.10. Physiologie und Pathologie der Fortpflanzung
s. auch 60.45.05.05.03. Fortpflanzung und die entsprechende Notation bei den Tierarten, z.B. 60.45.10.10.04.
s. auch 60.10.15.10. Physiologie der Fortpflanzung
s. auch 60.50.05.10.05. Allgemeine Pathologie und Pathohistologie

60.50.10.05. Physiologische Trächtigkeit
s. auch 60.50.15.10. Zuchthygiene
s. auch 60.45.05.05.03.01.01.04. Trächtigkeit, embryonale Entwicklung und die entsprechende Notation bei den Tierarten, z.B. 60.45.10.10.04.07.

60.50.10.10. Pathologische Trächtigkeit
s. auch 60.45.05.05.03.01.01.04. Trächtigkeit, embryonale Entwicklung und die entsprechende Notation bei den Tierarten, z.B. 60.45.10.10.04.07.

60.50.10.15. Geburt und Geburtshilfe (Geburtsvorgang, -ablauf)
- für Geschlechtsverhältnis
verwende 60.45.05.05.03.01.01.05. Geschlechtsverhältnis oder die entsprechende Notation bei den Tierarten, z.B. 60.45.10.10.04.08.

60.50.10.15.05. Normale Geburt

60.50.10.15.10. Pathologische Geburt

60.50.10.16. Puerperium

60.50.10.20. Fortpflanzungsstörungen (Diagnostik, Therapie und Prophylaxe)

60.50.10.20.01. Fortpflanzungsstörungen der Muttertiere (Diagnostik, Therapie und Prophylaxe)

60.50.10.20.01.05. Krankheiten der Geschlechtsorgane

60.50.10.20.01.10. Deckinfektionen

60.50.10.20.01.15. Ernährungs- und Haltungseinflüsse

60.50.10.20.01.20. Hormonale Einflüsse und Störungen

60.50.10.20.02. Fortpflanzungsstörungen der Vatertiere (Diagnostik, Therapie und Prophylaxe)

60.50.10.20.02.05. Krankheiten der Geschlechtsorgane

60.50.10.20.02.10. Deckinfektionen

60.50.10.20.02.15. Ernährungs- und Haltungseinflüsse

60.50.10.20.02.20. Hormonale Einflüsse und Störungen

60.50.10.25. Biotechnik der Fortpflanzung
(Brunststimulation, -induktion, -synchronisation, Ovulationsauslösung, -synchronisation, Eitransplantation u. a.)
- für künstliche Besamung
verwende 60.45.05.05.03.02. Künstliche Besamung oder die entsprechende Notation bei den Tierarten, z.B. 60.45.10.10.04.05.

60.50.10.30. Fortpflanzungsüberwachung

60.50.15. Tierhygiene

60.50.15.05. Hygiene der Fütterung (einschl. Schadnager, Schadarthropoden)

60.50.15.10. Zuchthygiene
s. auch 60.50.10.05. Physiologische Trächtigkeit

60.50.15.12. Aufzuchthygiene der Jungtiere

60.50.15.15. Hygiene der Tierhaltung (einschl. Schadnager, Schadarthropoden)

60.50.15.15.01. Stallklima und Biometeorologie
s. auch 60.45.05.05.06.02.01. Bioklimatologie
s. auch 60.55.55.25. Elektromechanisierung der Prozesse der Tierproduktion

60.50.15.15.02. Bauhygiene
s. auch 60.60.15. Bauten für die Tierproduktion

60.50.15.15.03. Reinigung und Desinfektion in der Tierproduktion

60.50.15.15.04. Hygiene beim Tiertransport

60.50.15.20. Seuchenhygienische Absicherung

60.50.15.25. Verwertung der Abprodukte aus der Tierproduktion

60.50.15.25.01. Verwertung tierischer Exkremente
s. auch 60.45.05.10.07.04.05. Gülle u. a. tierische Exkremente
s. auch 60.30.15.10.10. tierische Exkremente (Stallmist)
s. auch 60.30.15.10.12. Gülle

60.50.15.25.02. Tierkörper-, Nachgeburt- und Konfiskatverwertung bzw. -beseitigung
<u>s. auch</u> 60.45.05.10.07.03.04. andere Futterstoffe tierischer Herkunft

60.50.15.25.03. Abwasserverwertung
<u>s. auch</u> 60.25.10.30. Bewässerung der verschiedenen Kulturpflanzen mit Abwasser
<u>s. auch</u> 60.30.15.10.25. Klärschlamm

60.50.20. <u>Infektionskrankheiten</u>
- für Jungtierkrankheiten <u>verwende</u> 60.50.31.
- für Wildtierkrankheiten <u>verwende</u> 60.80.30.15.
- für Bienenkrankheiten <u>verwende</u> 60.45.38.05.14.
- für Fischkrankheiten <u>verwende</u> 60.45.30.06.

60.50.20.05. Bakterielle Krankheiten (Diagnostik, Prophylaxe und Therapie, Ätiologie, Klinik und Pathogenese, Pathologie, Immunologie, Epizootiologie und Bekämpfung)

60.50.20.05.04. Salmonellose-Infektionen

60.50.20.05.08. Escherichia-coli-Infektionen (Koliruhr, Koliseptikämie, Kolienterotoxämie u. a.)

60.50.20.05.12. Pasteurellen-Infektionen (Wild- und Rinderseuche, Hämorrhagische Septikämie u. a.)

60.50.20.05.16. Pseudomonas-Infektionen (Rotz u. a.)

60.50.20.05.20. Staphylokokken-Infektionen (Furunkulose, Botryomykose u. a.)

60.50.20.05.24. Streptokokken-Infektionen (Druse des Pferdes, Streptokokkenpneunomie des Rindes u. a.)

60.50.20.05.28. Korynebakterien-Infektionen (Pseudotuberkulose u. a.)

60.50.20.05.32. Listeriose

60.50.20.05.36. Yersinia-Infektionen (Pseudotuberkulose-Rodentiose u. a.)

60.50.20.05.40. Brucellose

60.50.20.05.44. Bordetella-Infektionen (Rhinitis atrophicans, Bordetella bronchiseptica-Infektionen u. a.)

60.50.20.05.48. Campylobacter-Infektionen (Vibriosis des Rindes, Vibrionenabort des Schafes u. a.)

60.50.20.05.52. Milzbrand

60.50.20.05.56. Klostridien-Infektionen (Rauschbrand, Gasödemerkrankungen, Tetanus, Botulismus u. a.)

60.50.20.05.60. Erysipelothrix-rhusiopathiae-Infektionen (Rotlauf u. a.)

60.50.20.05.64. Chlamydien-Infektionen (Psittakose-Ornithose, Enzootischer Abort, Polyarthritis u. a.)

60.50.20.05.68. Anaplasmen-Infektionen (Anaplasmose, Eperythrozoon-Infektion u. a.)

60.50.20.05.72. Mykoplasmen-Infektionen (Lungenseuche des Rindes, Enzootische Pneumonie des Schweines u. a.)

60.50.20.05.76. Rickettsien-Infektionen (Q-Fieber u. a.)

60.50.20.05.80. Mykobakterien-Infektionen (Tuberkulose, Paratuberkulose)

60.50.20.05.84. Leptospirosen

60.50.20.05.88. Schweinedysenterie

60.50.20.05.92. Hämophilus-Infektionen (Glässersche Krankheit u. a.)

60.50.20.05.96. Sonstige bakterielle Infektionen

60.50.20.10. Viruskrankheiten (Diagnostik, Prophylaxe und Therapie, Ätiologie, Klinik und Pathogenese, Pathologie, Immunologie, Epizootiologie und Bekämpfung)

60.50.20.10.05. Allgemeine Virusforschung

60.50.20.10.10. Maul- und Klauenseuche

60.50.20.10.15. Retrovirus-Infektionen

60.50.20.10.15.05. Onkornavirus-Infektionen (Enzootische Rinderleukose, Leukosen anderer Haussäugetiere u. a.)

60.50.20.10.15.10. Maedi und Visna

60.50.20.10.15.15. Infektiöse Anämie der Einhufer

60.50.20.10.20. Orthomyxovirus- und Paramyxovirus-Infektionen

60.50.20.10.20.05. Orthomyxovirus-Infektionen (Pferdeinfluenza, Schweineinfluenza, Geflügelpest u. a.)

60.50.20.10.20.10. Paramyxovirus-Infektionen (Newcastle disease, Parainfluenza-3-Virus-Infektionen des Rindes u. a.)

60.50.20.10.20.15. Morbillivirus-Infektionen (Rinderpest, einschl. Pest der kleinen Wiederkäuer, Staupe u. a.)

60.50.20.10.20.20. Respiratory-Syncytial-Virus-Infektionen des Rindes

60.50.20.10.25. Koronavirusinfektionen (Transmissible Gastroenteritis des Schweines, Virusenteritis des Hundes, Infektiöse Bronchitis des Huhnes u. a.)

60.50.20.10.30. Enterovirus-Infektionen (Vesikuläre Schweinekrankheit, Teschener Schweinelähmung, Virushepatitis der Ente, Aviäre Enzephalomyelitis u. a.)

60.50.20.10.35. Reovirus-Infektionen (Bluetongue, Infektiöse Bursitis des Huhnes u. a.)

60.50.20.10.40. Rotavirus-Infektionen

60.50.20.10.45. Togavirus-Infektionen (Virusdiarrhoe/Mucosal disease des Rindes, Schweinepest, Border disease des Schafes u. a.)

60.50.20.10.50. Rhabdovirus-Infektionen (Tollwut, Stomatitis vesicularis u. a.)

60.50.20.10.55. Parvovirus-Infektionen

60.50.20.10.60. Afrikanische Schweinepest

60.50.20.10.65. Adenovirus-Infektionen (Hepatitis contagiosa canis, Einschlußkörper-Hepatitis des Huhnes, Marmormilzkrankheit u. a.)

60.50.20.10.70. Herpesvirus-Infektionen (IBR/IPV, Aujeszkysche Krankheit, Marieksche Krankheit, Infektiöse Laryngotracheitis des Huhnes, Entenpest u. a.)

60.50.20.10.75. Pockenvirus-Infektionen

60.50.20.10.95. Sonstige Viruskrankheiten

60.50.20.15. Pilzkrankheiten (Diagnostik, Prophylaxe und Therapie, Ätiologie, Klinik und Pathogenese, Pathologie, Immunologie, Epizootiologie und Bekämpfung)

60.50.20.15.05. Dermatomykosen (Rindertrichophytie, Pityriasis rosea u. a.)

60.50.20.15.10. Endomykosen (Aspergillose, Candidose, Kryptokokkose, Histoplasmose u. a.)

60.50.20.18. Mischinfektionen (Diagnostik, Prophylaxe und Therapie, Ätiologie, Klinik und Pathogenese, Pathologie, Immunologie, Epizootiologie und Bekämpfung)

60.50.20.25. Erreger von Infektionskrankheiten

60.50.20.25.01. Bakterien und Mycoplasmen
<u>verwende</u> die entsprechende Notation bei den Bakteriellen Krankheiten von 60.50.20.05. bis 60.50.20.05.96.

60.50.20.25.02. Viren
<u>verwende</u> die entsprechende Notation bei den Viruskrankheiten von 60.50.20.10. bis 60.50.20.10.95.

60.50.20.25.03. Pilze
<u>verwende</u> die entsprechende Notation bei den Pilzkrankheiten von 60.50.20.15. bis 60.50.20.15.10.

60.50.25. <u>Parasitosen und Erreger parasitärer Krankheiten</u>
- für Jungtierkrankheiten <u>verwende</u> 60.50.31.
- für Wildtierkrankheiten <u>verwende</u> 60.80.30.15.
- für Bienenkrankheiten <u>verwende</u> 60.45.38.05.14.
- für Fischkrankheiten <u>verwende</u> 60.45.30.06.

60.50.25.01. Protozoenkrankheiten (Diagnostik, Prophylaxe und Therapie, Biologie, Klinik, Pathogenese, Pathologie, Immunologie, Epizootiologie und Bekämpfung; Flagellata, Trypanosoma, Leishmania, Trichomonas, Sarcodina (Rhizopoda), Entamöba, Sporozoa, Coccidia (Eimeria, Cryptosporidium, Sarcocystis, Toxoplasma u. a.), Piroplasmia (Babesisia, Theileria u. a.), sonstige Protozoenkrankheiten)

60.50.25.03. Helminthosen (Diagnostik, Prophylaxe und Therapie, Biologie, Klinik, Pathogenese, Pathologie, Immunologie, Epizootiologie und Bekämpfung; Plathelminthes, Trematoda, Fasciola (Fuscida hepatica u. a.), Paramphistomum, Schistosomen (Bilharzien), Cestoda, Tänien (T. saginata, Echinococcus granulosus u. a.), Anoplozephaliden (Moniezia u. a.), Nemathelminthes, Nematoda, Ascaridida (Heterakidae, Ascaridae), Strongylida (Strongylidae, Trichostrongylidae, Ancylostomatidae, Metastrongylidae, Oesophagostomatidae, u. a.), Oxyurida, Enoplida (Trichuridae, Capillaria, Trichinella u. a.), Filariida (Dirofilaria u. a.), Spirurida (Thelazia, Parafilaria, Onchocerca u. a.), sonstige Helminthosen)

60.50.25.04. Erkrankungen durch Arthropoden bedingt (Diagnostik, Prophylaxe und Therapie, Biologie, Klinik, Pathogenese, Pathologie, Immunologie, Epizootiologie und Bekämpfung)

60.50.25.04.05. Arachnida

60.50.25.04.05.05. Acarina (Zecken und Milben)

60.50.25.04.05.10. Insecta (Läuse, Flöhe, Haarlinge, Fliegen u. a.)

60.50.30. <u>Nichtinfektiöse Krankheiten</u>
- für Jungtierkrankheiten <u>verwende</u> 60.50.31.
- für Wildtierkrankheiten <u>verwende</u> 60.80.30.15.
- für Bienenkrankheiten <u>verwende</u> 60.45.38.05.14.
- für Fischkrankheiten <u>verwende</u> 60.45.30.06.

60.50.30.05. Untersuchungsmethoden und Technik

60.50.30.05.05. Endoskopie

60.50.30.05.10. Elektrokardiographie

60.50.30.05.15. Biopsie

60.50.30.19. Stoffwechselstörungen, Mangelkrankheiten, Regulationsstörungen (Diagnostik, Prophylaxe und Therapie, Klinik, Pathologie)

60.50.30.20. Krankheiten der Organe und Systeme (Herz, Blutgefäße, Atmungsorgane, Verdauungsorgane, Harnorgane, Drüsen mit innerer Sekretion, Milz, Lymphknoten, Lymphgefäßsystem, Nervensystem, Muskel- und Skelettsystem, Haut, Sinnesorgane)

60.50.30.30. Vergiftungen, außer pharmakologische Toxikologie (Diagnostik, Prophylaxe und Therapie, Klinik, Pathologie)

60.50.31. Jungtierkrankheiten
(Diagnostik, Prophylaxe und Therapie, Ätiologie, Klinik und Pathogenese, Pathologie, Immunologie, Epizootiologie und Bekämpfung)

60.50.31.05. Krankheiten der Fohlen

60.50.31.10. Krankheiten der Kälber

60.50.31.15. Krankheiten der Ferkel

60.50.31.20. Krankheiten der Schaf- und Ziegenlämmer

60.50.31.25. Krankheiten der Küken

60.25.31.30. Krankheiten der übrigen Jungtiere

60.50.32. Krankheiten der Milchdrüse

60.50.32.05. Nichtinfektiöse Krankheiten der Milchdrüse

60.50.32.10. Infektiöse Krankheiten der Milchdrüse

60.50.33. Zoonosen

60.50.34. Zootiere

60.50.35. Veterinärmedizinische Pharmakologie

60.50.35.01. Pharmazeutika

60.50.35.02. Immunpräparate

60.50.35.03. Sonstige Arzneimittel, gleichgestellte Stoffe

60.50.35.16. Arzneimittelwirkung und -nebenwirkung

60.50.35.17. Pharmazeutische Probleme

60.50.35.18. Arzneimittelprüfung

60.50.35.20. Arzneimittelrückstände

60.50.35.25. Pharmakologische Toxikologie

60.50.35.40. Impfstoffproduktion

60.50.40. Veterinärmedizinische Chirurgie

60.50.40.01. Allgemeine Chirurgie (Wunde, gedeckte Verletzungen (Quetschungen, Hämatom, Verstauchungen), thermische und elektrische Verletzungen, Hernien, Nekrose, Gangrän, Stenose, Ödem, Entzündungen, Geschwülste, Asepsis, Antisepsis, Anästhesiologie, Sonstiges zur allgemeinen Chirurgie)

60.50.40.11. Spezielle Chirurgie

60.50.40.11.05. Kopf und Halsregion (Auge, Nase, Zähne, Mund- und Rachenhöhle, Ohr, Gehirn)

60.50.40.11.10. Rumpfregion (Atmungsorgane, Verdauungsorgane, Herz- und Kreislaufsystem, Harn- und Geschlechtsorgane u. a.)

60.50.40.11.15. Operationsmethoden
- für Kastration an Rindern
  verwende 60.45.10.10.04.04. Kastration
- für Kastration an Schafen
  verwende 60.45.15.10.01.04.04. Kastration
- für Kastration an Ziegen
  verwende 60.45.15.10.02.04.04. Kastration
- für Kastration an Schweinen
  verwende 60.45.20.10.04.04. Kastration
- für Kastration an Hühnern
  verwende 60.45.25.05.05.04.07. Kastration

60.50.40.16. Veterinärorthopädie (Gliedmaßen- und Klauenerkrankungen, Klauen- und Hufpflege, Hufbeschlag)
- für Klauen- und Hufpflege sowie Hufbeschlag bei Nutztieren
  verwende 60.45.05.15. Haltung und Pflege landwirtschaftlicher Nutztiere oder die entsprechende Notation bei den Tierarten, z.B. 60.45.10.10.08.

60.50.40.21. Klinische Untersuchungsmethoden (Röntgendiagnostik, Mikroskopie, Kardiologie, Biopsie, Ultraschalldiagnostik, Laparoskopie, sonstige Methoden)
- für Untersuchungsmethoden nichtinfektiöser Krankheiten
  verwende 60.50.30.05.

60.50.40.24. Experimentelle Chirurgie

60.50.45. <u>Lebensmittelhygiene</u>
- für Lebensmittelmikrobiologie, -chemie und Sensorik
<u>verwende</u> 61.05.10. Lebensmittelchemie, -analytik, -mikrobiologie

60.50.45.05. Methoden der veterinärmedizinischen Untersuchung von Lebensmitteln tierischer Herkunft

60.50.45.05.05. Schlachttier- und Fleischbeschau
<u>s. auch</u> 61.10.15.

60.50.45.05.10. Krankheiten der Schlachttiere

60.50.45.05.15. Bakteriologische Fleischuntersuchung

60.50.45.05.20. Notschlachtungen

60.50.45.10. Qualitative Beurteilung von Lebensmitteln tierischer Herkunft
<u>verwende</u> 60.45.45.15. Qualitätsbestimmung der Erzeugnisse
oder 61.10.20. Analytik; Zusammensetzung; Qualität
oder 61.15.20. entsprechend

60.55. **Mechanisierung und Elektrifizierung der Landwirtschaft**

60.55.05. **Allgemeine Fragen der Mechanisierung und Elektrifizierung der Landwirtschaft**

60.55.05.05. Komplexe Mechanisierung und Automatisierung der Prozesse in der Landwirtschaft (Maschineneinsatz von seiten der Plg./Ltg./Ök. unter 60.01.15.07.)

60.55.05.08. Technologische Grundverfahren (TGV)
- für Technologie
  verwende entsprechende NOTA, z.B. 60.55.10.05. Mechanisierung des Anbaus unter Glas und Folie

60.55.05.10. Einrichtung von Dispatcherdiensten (nicht belegen! den entspr. speziellen NOTA zuordnen)

60.55.05.15. Elektronik und Funktechnik in der Landwirtschaft (einschl. Mikroelektronik, Robotereinsatz, Handhabetechnik)
s. auch 60.01.30.29.13. Anwendung der EDV

60.55.05.20. Flugzeugeinsatz in der Landwirtschaft
- für Fernerkundung, Luftbild
  verwende 60.55.65.05. Meßtechnik

60.55.05.30. Kraftstoff und Schmiermittel (Eigenschaften und allg. Einsatz)

60.55.05.33. Grundlagen der Konstruktion

60.55.05.35. Maschinenelemente

60.55.05.40. Werkstoffkunde und Werkstoffprüfung

60.55.05.43. Stoffkenngrößen landwirtschaftlicher Produkte

60.55.05.45. Energiebedarf der Landwirtschaft (Energiebedarf insgesamt und Nutzung anderer Energieformen, z.B. Biogas, Sonnenenergie, Windenergie)
- für Produktion von Biomasse zur Energiegewinnung
  verwende 60.20.05.10.

60.55.10. **Mechanisierung der Prozesse der Pflanzenproduktion**
s. auch 60.55.55.15. Elektromechanisierung der Prozesse der Pflanzenproduktion
s. auch 60.35.80. Futterkonservierung und -lagerung

60.55.10.04. Mechanisierung des Gartenbaus allgemein (Kompostbereitung u. a.)

60.55.10.05. Mechanisierung des Anbaus unter Glas und Folie

60.55.10.05.05. Mechanisierung der Gemüseproduktion unter Glas (Bestellung, Pflege, Ernte, Kühlung)

60.55.10.05.10. Mechanisierung der Zierpflanzenproduktion unter Glas (Bestellung, Pflege, Ernte, Kühlung, Vermarktung)
s. auch 60.55.10.65. Mechanisierung der Zierpflanzenproduktion im Freiland bzw. 60.55.10.70. Mechanisierung der Baumschulproduktion

60.55.10.06. Mechanisierung der Düngung

60.55.10.06.05. Mechanisierung der Mineraldüngung

60.55.10.06.10. Mechanisierung der organischen Düngung

60.55.10.07. Mechanisierung der Aussaat und des Pflanzens landwirtschaftlicher u. gartenbaulicher Kulturen

60.55.10.08. Mechanisierung der Pflegearbeiten landwirtschaftlicher u. gartenbaulicher Kulturen

60.55.10.10. Mechanisierung der Getreideproduktion (Mähdruschfrüchte - Getreide, Mais, Körnerleguminosen)
s. auch 61.20.15. Be- und Verarbeitungstechnologie; Technik; Verpackung

60.55.10.10.05. Mechanisierung der Getreideernte

60.55.10.10.10. Mechanisierung der Strohbergung

60.55.10.10.15. Mechanisierung der Getreideaufbereitung, einschl. Lagerung und Transport

60.55.10.15. Mechanisierung der Kartoffelproduktion

60.55.10.15.05. Mechanisierung der Kartoffelernte

60.55.10.15.10. Mechanisierung der Kartoffelaufbereitung, einschl. Lagerung und Transport

60.55.10.20. Mechanisierung der Grünfutterproduktion

60.55.10.20.05. Mähen und Häckseln von Grünfutter

60.55.10.20.10. Sammeln und Pressen von Grünfutter

60.55.10.20.15. Trocknungsanlagen für Grünfutter (Bauten unter 60.60.10.35.)

60.55.10.20.20. Mechanisierung der Prozesse beim Silieren von Grünfutter (Bauten unter 60.60.15.30.)

60.55.10.20.25. Pelletieranlagen (Bauten unter 60.60.10.40.)

60.55.10.20.30. Mechanisierung des Grünfuttertransportes

60.55.10.25. Mechanisierung der Obstproduktion; Beerenobstproduktion und des Rebenanbaus

60.55.10.25.05. Mechanisierung der Pflanzung und Pflege im Obstbau

60.55.10.25.10. Mechanisierung der Baumobsternte

60.55.10.25.15. Mechanisierung der Beerenobsternte

60.55.10.25.20. Mechanisierung der Weinlese

60.55.10.25.25. Mechanisierung der Obstaufbereitung, einschl. Lagerung und Transport

60.55.10.30. Mechanisierung der Feldgemüseproduktion und des Melonenanbaus

60.55.10.30.05. Mechanisierung der Feldgemüseernte

60.55.10.30.10. Mechanisierung der Gemüseaufbereitung, einschl. Lagerung und Transport

60.55.10.30.15. Mechanisierung der Produktion und Ernte von Speisepilzen

60.55.10.35. Mechanisierung des Industriepflanzen-, Tee- und Kaffeeanbaus

60.55.10.35.05. Mechanisierung der Ölpflanzenproduktion

60.55.10.35.10. Mechanisierung der Hopfenproduktion

60.55.10.35.15. Mechanisierung der Tabakproduktion

60.55.10.35.20. Mechanisierung der Heil-, Duft- und Gewürzpflanzenproduktion

60.55.10.35.25. Mechanisierung der Faserpflanzenproduktion

60.55.10.45. Mechanisierung des Anbaus tropischer und subtropischer Kulturen

60.55.10.50. Mechanisierung der Züchtung und des Samenbaus

60.55.10.60. Mechanisierung der Zuckerrübenproduktion

60.55.10.60.05. Mechanisierung der Zuckerrübenernte

60.55.10.60.10. Mechanisierung der Zuckerrübenaufbereitung, einschl. Lagerung und Transport

60.55.10.65. Mechanisierung der Zierpflanzenproduktion im Freiland (Bestellung, Pflege, Ernte, Kühlung, Vermarktung)
s. auch 60.55.10.05.10. Mechanisierung der Zierpflanzenproduktion unter Glas

60.55.10.70. Mechanisierung der Baumschulproduktion

60.55.15. <u>Mechanisierung der Bodenbearbeitung</u>

60.55.15.05. Mechanisierung der Hauptbodenbearbeitung (pflügen)

60.55.15.10. Mechanisierung der speziellen Bodenbearbeitung (fräsen, grubbern)

60.55.15.15. Mechanisierung der Oberflächenbearbeitung (eggen, walzen, schleppen)

60.55.15.20. Mechanisierung der Bodenbearbeitung zur Bekämpfung von Erosion, Einbringung von Bodenverbesserungsmitteln, Folienmulch

60.55.20. <u>Mechanisierung der Meliorationsarbeiten</u>

60.55.20.05. Mechanisierung der Wasserversorgung und Wasserzuleitung allgemein und Pumpanlagen

60.55.20.10. Mechanisierung der Bewässerungsarbeiten

60.55.20.15. Mechanisierung der Entwässerungsarbeiten

60.55.20.20. Meliorative Landschaftsgestaltung (zur Bekämpfung von Erosion; Spät- und Frühfrösten sowie Dürre)
A. Forstmelioration (60.85.35.)

60.55.25. <u>Mechanisierung kulturtechnischer Arbeiten</u>

60.55.25.05. Mechanisierung der Arbeiten zur Kultivierung des Bodens (primäre Bearbeitung; Ansaat von Vorkulturen)

60.55.25.10. Mechanisierung der Arbeiten zur Urbarmachung von Böden (Roden von Wald; von Buschwerk; Steine sammeln usw.)

60.55.30. <u>Mechanisierung der Pflanzenschutzarbeiten</u>

60.55.30.05. Mechanisierung agrotechnischer Methoden des Pflanzenschutzes

60.55.30.10. Mechanisierung biologischer Methoden des Pflanzenschutzes

60.55.30.15. Mechanisierung mechanischer und physikalischer Methoden des Pflanzenschutzes

60.55.30.20. Mechanisierung chemischer Methoden des Pflanzenschutzes

60.55.40. <u>Mechanisierung der Prozesse der Tierproduktion</u>

60.55.40.05. Mechanisierung der Bereitstellung, Aufbereitung und Verteilung von Futtermitteln
- für Mechanisierung der Futtermittelbereitstellung in der Rinderproduktion
  <u>verwende</u> 60.55.40.10.05.20.
- für Mechanisierung der Futtermittelbereitstellung in der Schweineproduktion
  <u>verwende</u> 60.55.40.10.10.15.
- für Mechanisierung der Futtermittelbereitstellung in der Geflügelproduktion
  <u>verwende</u> 60.55.40.10.15.15.

<u>s. auch</u> 60.55.55.25. Elektromechanisierung der Prozesse der Tierproduktion

60.55.40.10. Allgemeine Mechanisierungsfragen der Tierproduktion

60.55.40.10.05. Mechanisierung der Rinderproduktion

60.55.40.10.05.05. Mechanisierung der Kälberproduktion

60.55.40.10.05.10. Mechanisierung der Rindermast

60.55.40.10.05.15. Mechanisierung der Milchproduktion (Melkanlagen, Milchkühlung und innerbetrieblicher Milchtransport, Melkmaschinen)

60.55.40.10.05.20. Mechanisierung der Futterzubereitung und -verteilung in Rinderproduktionsanlagen

60.55.40.10.05.25. Mechanisierung der Entmistung von Rinderproduktionsanlagen

60.55.40.10.10. Mechanisierung der Schweineproduktion

60.55.40.10.10.05. Mechanisierung der Ferkelproduktion

60.55.40.10.10.10. Mechanisierung der Schweinezucht- und -mastanlagen

60.55.40.10.10.15. Mechanisierung der Futterzubereitung und -verteilung in Schweineproduktionsanlagen

60.55.40.10.10.20. Mechanisierung der Entmistung in Schweineproduktionsanlagen

60.55.40.10.15. Mechanisierung der Geflügelproduktion

60.55.40.10.15.05. Mechanisierung der Broilerproduktion

60.55.40.10.15.10. Mechanisierung der Eierproduktion und Bruteiproduktion

60.55.40.10.15.15. Mechanisierung der Futterzubereitung und -verteilung in Geflügelproduktionsanlagen

60.55.40.10.15.20. Mechanisierung der Entmistung in Geflügelproduktionsanlagen

60.55.40.10.20. Mechanisierung der Schafproduktion

60.55.40.15. Mechanisierung der primären Bearbeitung tierischer Erzeugnisse
<u>s. auch</u> 60.45.45. Tierische Erzeugnisse und ihre primäre Verarbeitung

60.55.40.20. Melkmaschinen
- für Melkmaschinen in der Rinderproduktion <u>verwende</u> 60.55.40.10.05.15. Mechanisierung der Milchproduktion

60.55.40.25. Mechanisierung der Futterzubereitung und Futterverteilung (spezielle Fragen sind den Tierarten zugeordnet, z.B. 60.55.40.10.05.15.)
<u>s. auch</u> 60.45.05.10. Futtermittel und Fütterung

60.55.40.30. Mechanisierung der Züchtung

60.55.40.35. Mechanisierung der Haltung und Pflege der Tiere

60.55.40.40. Mechanisierung des Tiertransportes

60.55.40.45. Mechanisierung der Gülleaufbereitung und -lagerung (einschl. Abwasseraufbereitung u. -lagerung)

60.55.45. <u>Veterinärmedizinische Ausrüstungen und Instrumente</u>

60.55.45.05. Instrumente

60.55.45.10. Ausrüstungen und Anlagen

60.55.50. <u>Automatisierung der Landwirtschaft</u>
(nicht belegen - wenn allgemein dann 60.55.05.05. - wenn speziell zur präzisen Notation)

60.55.55. Elektrifizierung der Landwirtschaft

60.55.55.05. Elektroenergetik (Kraftübertragung; Umwandlung und Verteilung elektrischer Energie)

60.55.55.10. Elektrische Motoren; Elektroantriebe

60.55.55.15. Elektromechanisierung der Prozesse der Pflanzenproduktion (Saatgutbehandlung mittels elektrischem Magnetfeld; Ultraschall; Infrarot- und UV-Bestrahlung; Elektrifizierung der stationären Einrichtungen für die Getreidebehandlung nach der Ernte; Klimatisierung von Räumen für die Pflanzenkultur (Phytotron, Frühbeet, Gewächshaus einschl. BMSR-Technik); Schaffung des Mikroklimas in Speichern; Bestrahlung von Pflanzen; CO2-Begasung)
s. auch 60.60.10.05. Gewächshaus

60.55.55.20. Elektrifizierung bei Meliorationsarbeiten

60.55.55.25. Elektromechanisierung der Prozesse der Tierproduktion (Elektrifizierung der Futterbereitung und -verteilung; Elektrifizierung des Melkens und der Bearbeitung der Milch; Elektrifizierung der Entmistung und Verarbeitung von Stallmist; Elektrifizierung der Wasserversorgung der Anlagen; Elektrifizierung der Heizvorrichtungen in den Anlagen; Schaffung des Mikroklimas in den Stallungen (Beleuchtung; Beheizung; Lüftung); Bestrahlung von Tieren)
s. auch 60.45.05.05.06.02.01. Bioklimatologie
s. auch 60.50.15.15.01. Stallklima u. Biometeorologie
s. auch 60.55.40.05. Mechanisierung der Bereitstellung, Aufbereitung und Verteilung von Futtermitteln

60.55.60. Kraftwagen und Maschinen-Traktoren-Park

60.55.60.05. Landmaschinenaggregate

60.55.60.10. Maschinenkomplexe

60.55.60.15. Selbstfahrende Landmaschinen

60.55.60.20. Stationäre Landmaschinen

60.55.60.25. Förder- und Transportmittel

60.55.60.25.05. Anhänger und Ladewagen

60.55.60.25.15. Fördermittel

60.55.60.30. Traktoren

60.55.60.30.05. Traktorenentwicklung und Traktorentypen

60.55.60.30.10. Verbrennungskraftmaschinen

60.55.60.30.15. Kraftübertragung am Traktor (Kupplung, Getriebe, Zapfwelle, Hydraulik)

60.55.60.30.20. Fahrwerk und Fahrmechanik des Traktors, Lenkung

60.55.60.30.25. Traktorausrüstung (Kabine, Sitz, Ergonomie)

60.55.60.30.30. Elektrische Anlage des Traktors

60.55.60.35. GKW

60.55.60.40. Einsatz des Maschinen-Traktoren-GKW-Parks

60.55.65. <u>Meßtechnik und Laborausrüstung</u>

60.55.65.05. Meßtechnik (einschl. Fernerkundung, Luftbild) (ausgenommen Diagnosegeräte, die unter 60.55.70.10. erscheinen)
<u>s. auch</u> 61.05.10.20. Laboratorien; Einrichtungen, Technik, Methoden

60.55.65.10. Laborausrüstung (einschl. Prüfstände allgemein)

60.55.70. <u>Instandhaltung der Landtechnik</u>

60.55.70.05. Theorie der Abnutzungserscheinungen (Verschleiß, Einfluß der Konstruktion, wirtsch. Betrachtungen)

60.55.70.10. Meßverfahren des Verschleißes (Diagnostik, Prüfstände, Geräte)

60.55.70.15. Instandhaltungsmethoden (Wartung, Pflege, Ausfallmethode, vorbeugende Methode, spezialisierte und kooperative Instandsetzung, Ersatzteilversorgung)

60.55.70.20. Instandhaltungsorganisation

60.60. **Landwirtschaftsbau**

60.60.05. **Allgemeine Fragen des Landwirtschaftsbaus (Normung, Typung, Standardisierung)**
- für Stallklima
verwende 60.50.15.15.01. Stallklima u. Bioklimatologie bzw. 60.55.55.25. Elektromechanisierung der Prozesse der Tierproduktion bzw. 60.45.05.05.06.02.01. Bioklimatologie

60.60.10. **Bauten für die Pflanzenproduktion**

60.60.10.05. Gewächshaus

60.60.10.10. Bauten für die Speisepilzproduktion

60.60.10.15. Mineraldüngerlager, ACZ

60.60.10.20. Getreidespeicher

60.60.10.25. Kartoffellagerhäuser

60.60.10.30. Obst- und Gemüselagerhäuser

60.60.10.35. Trocknungsanlagen

60.60.10.40. Futtermittelkompaktieranlagen und Mischfutterwerke

60.60.10.45. Werkstätten, Traktoren- und Landmaschinenhallen

60.60.15. **Bauten für die Tierproduktion**
s. auch 60.50.15.15.02. Bauhygiene

60.60.15.05. Bauten für die Rinderproduktion

60.60.15.10. Bauten für die Schweineproduktion

60.60.15.15. Bauten für die Geflügelproduktion

60.60.15.20. Bauten für die Schafproduktion

60.60.15.25. Bauten für die Gülle-, Jauche-, Stalldunglagerung und -aufbereitung

60.60.15.30. Bauten für die Futterlagerung und -zubereitung, Gärfutterbehälter

60.60.20. **Dorfplanung, Wohnungs- und Gesellschaftsbau**

60.60.25. **Lagerräume (nicht belegen, besser spezielle NOTA unter 60.60.10. oder 60.60.15.)**

60.60.30. **Straßen- und Wegebau**

60.60.35. **Baustoffe und -konstruktionen**

60.75. <u>Umweltschutz in der Land- und Forstwirtschaft</u>

60.75.05. <u>Allgemeine Fragen des Umweltschutzes</u>

60.75.05.05. Ökonomische und soziale Bedeutung des Umweltschutzes

60.75.05.10. Einwirkung des Menschen auf die Natur

60.75.05.15. Landschaftsgestaltung
<u>s. auch</u> 60.55.20.20. Meliorative Landschaftsgestaltung

60.75.10. <u>Schutz der Bodenressourcen</u>

60.75.10.05. Bodenverunreinigung und Umwelt

60.75.10.10. Maßnahmen zum Schutz des Bodens

60.75.10.15. Bodenverunreinigungen

60.75.10.20. Bekämpfung der Bodenerosion
<u>s. auch</u> 60.20.30.

60.75.10.25. Erschließung wenig ertragfähiger Böden
<u>s. auch</u> 60.20.25.

60.75.15. <u>Schutz der Pflanzenressourcen</u>

60.75.15.05. Einfluß der Umweltverschmutzung auf die Pflanzen und ihre Verhütung (einschl. Rauchschäden)

60.75.15.10. Maßnahmen zur Vergrößerung des Pflanzenbestandes

60.75.15.15. Maßnahmen zur Erhaltung der Vielfalt der Pflanzenarten

60.75.15.20. Maßnahmen zur Erhaltung seltener und gefährdeter Pflanzenarten

60.75.20. <u>Schutz der Gewässer</u>

60.75.20.05. Einfluß der Verunreinigung des Wassers auf die Umwelt

60.75.20.10. Maßnahmen zum Schutz der Gewässer

60.75.20.15. Stand der Verunreinigung der Gewässer

60.75.25. <u>Schutz der Luft</u>

60.75.25.05. Einfluß der Verschmutzung der Luft auf die Umwelt

60.75.25.10. Maßnahmen zum Schutz der Luft

60.75.25.15. Stand der Verunreinigung der Luft

60.75.30. <u>Schutz der Tiere</u>

60.75.30.05. Einfluß der Umweltverschmutzung auf die Tiere

60.75.30.10. Maßnahmen zur Vergrößerung des Tierbestandes

60.75.30.15. Maßnahmen zur Regulierung der Populationsdichte der Tiere

60.75.30.20. Maßnahmen zur Erhaltung der Vielfalt der Tierarten

60.75.30.25. Maßnahmen zur Erhaltung seltener und gefährdeter Tierarten

60.75.35. <u>Naturschutzgebiete</u>

60.75.35.05. Wildgatter

60.75.35.10. Reservate

60.75.35.15. Reservat- und Jagdbetriebe

60.75.35.20. Nationalparks

60.75.35.25. Andere Naturschutzgebiete

60.80. Jagd und Jagdwirtschaft

60.80.05. Allgemeine Fragen der Jagd und der Jagdwirtschaft

60.80.10. Jagdkunde

60.80.10.05. Biologische Grundlagen der Jagd und der Jagdwirtschaft (Bonitierung; Wilddichte; Populationsfragen; Fütterung; Eingewöhnung; Biotope)

60.80.15. Wirtschaftsjagd
(Professionelle Jagd; Jagdwirtschaftliche Betriebe)

60.80.20. Jagdwirtschaft in Naturschutzgebieten und Schongebieten gebieten

60.80.25. Jagd zur Freizeitgestaltung (Sportjagd)

60.80.30. Jagdwissenschaft

60.80.30.15. Wildkrankheiten (einschl. deren Übertragung auf den Menschen und die zur Jagd verwendeten Tiere)

60.85. **Forstwirtschaft**

60.85.05. **Allgemeine Fragen der Forstwirtschaft**

60.85.10. **Waldkunde**

60.85.10.10. Biologie und Ökologie des Waldes (Wald; Biosphäre; Bedeutung des Waldes in der Natur und Biosphäre)

60.85.10.20. Waldbodenkunde

60.85.15. **Waldbau**

60.85.15.05. Baumarten (Sträucher)

60.85.15.10. Züchtung; Genetik und Introduktion von Forstpflanzen

60.85.15.15. Saatgutgewinnung; -behandlung; -anerkennung

60.85.15.20. Anzucht von Pflanzen

60.85.20. **Waldnutzung**

60.85.25. **Organisation der Forstwirtschaft und Taxation**

60.85.30. **Bodenmelioration durch waldbauliche Maßnahmen**

60.85.30.05. Rekultivation von Ländereien

60.85.30.10. Schutzwaldanbau
- für Anlage von Waldschutzstreifen
  verwende 60.20.30.15. Waldmelioration (einschl. Flurgehölzanbau u. Anlage von Waldschutzstreifen)

60.85.30.20. Anwendung von Düngemitteln

60.85.35. **Forstmelioration**

60.85.40. **Forstschutz** (einschl. Unkrautbekämpfung)

60.85.45. **Holzbeschaffung und Holzverarbeitung in der Forstwirtschaft**

60.85.50. **Mechanisierung, Elektrifizierung und Bauwesen in der Forstwirtschaft**

61. Nahrungsgüterwirtschaft

61.05. Allgemeine Fachgebiete

61.05.05. Allgemeines

61.05.05.05. Entwicklungstendenzen; Übersichtsarbeiten

61.05.05.10. Gesetze; Rechtsfragen; Standardisierung

61.05.05.15. Arbeitsschutz; Betriebshygiene

61.05.10. Lebensmittelchemie; -analytik; -mikrobiologie
- für Lebensmittelhygiene
verwende 60.50.45.

61.05.10.05. Lebensmittelbestandteile

61.05.10.05.05. Allgemeines

61.05.10.05.10. Kohlenhydrate; Ballaststoffe

61.05.10.05.15. Lipide; Fettsäuren von Lipiden

61.05.10.05.20. Eiweiße; Peptide

61.05.10.05.25. Aminosäuren

61.05.10.05.30. Vitamine; Hormone

61.05.10.05.35. Mineralstoffe

61.05.10.05.40. Enzyme

61.05.10.05.45. Aromastoffe

61.05.10.05.50. Wasser

61.05.10.05.55. Sonstige Lebensmittelbestandteile

61.05.10.10. Fremdstoffe

61.05.10.15. Mikroorganismen; Mikroorganismentoxine

61.05.10.20. Laboratorien; Einrichtungen, Technik, Methoden
s. auch 60.55.65. Meßtechnik und Laborausrüstung

61.05.10.20.05. Allgemeines

61.05.10.20.10. Physikalische; chemische; physikalisch-chemische Methoden

61.05.10.20.15. Sensorische Methoden

61.05.10.20.20. Mikrobiologische Methoden

61.05.10.20.25. Sonstiges

61.05.15. Mikrobiologie

61.05.15.05. Allgemeine Mikrobiologie

61.05.15.05.05. Taxonomie; Morphologie; Zytologie

61.05.15.05.10. Wachstum; Stoffwechsel; Energieumsatz

61.05.15.05.15. Genetik; Züchtung; Molekularbiologie

61.05.15.05.20. Enzyme (Charakterisierung; Nomenklatur)

61.05.15.05.25. Sonstiges

61.05.15.10. Technische Mikrobiologie

61.05.15.10.05. Verfahrensprinzipien; Verfahrensgrundlagen; Verfahrenstechnik

61.05.15.10.10. Mikrobiell hergestellte Produkte

61.05.15.10.15. Sonstiges

61.05.15.20. Sonstige Mikrobiologie

61.05.20. Lebensmitteltechnologie; Verfahrenstechnik

61.05.20.05. Allgemeines

61.05.20.05.05. Verfahrenstechnik; Reaktionsführung

61.05.20.05.10. Haltbarmachung

61.05.20.05.15. Kühl- und Gefrierwirtschaft

61.05.20.05.20. Verpackung; Lagerung; Transport; Handel

61.05.20.05.25. BMSR-Technik

61.05.20.05.30. Energieversorgung

61.05.20.05.35. Brauch- und Abwasser
s. auch 60.25.10.30. Bewässerung der verschiedenen Kulturpflanzen mit Abwasser
s. auch 60.30.15.10.25. Klärschlamm

61.05.20.05.40. Reinigung und Desinfektion

61.05.20.05.45. Bauwesen; Instandhaltung

61.05.25. Gesellschaftliche Speisenwirtschaft; Speisenproduktion

61.05.30. Neuartige Lebensmittel

61.10. **Fleisch und Fleischwaren; Eier**

61.10.15. **Be- und Verarbeitungstechnologie; Technik; Verpackung**

61.10.15.05. Allgemeines

61.10.15.10. Schlacht- und Bearbeitungstechnologien; Technik

61.10.15.15. Verarbeitungstechnologien; Technik; Verpackung

61.10.15.20. Vorschlachtbehandlung

61.10.15.25. Fleisch

61.10.15.30. Wurst

61.10.15.35. Sonstige Fleischwaren

61.10.15.40. Fleisch- und Wurstkonserven

61.10.15.45. Schlachtfette

61.10.15.50. Fertiggerichte

61.10.15.55. Eiprodukte; Eiaustauschstoffe

61.10.15.60. Neben- und Abfallprodukte

61.10.15.65. Verarbeitungshilfsmittel; Beigaben

61.10.20. **Analytik; Zusammensetzung; Qualität**

61.10.25. **Lagerung; Transport; Handel**

61.10.30. **Ernährung**

61.15. **Milch und Milcherzeugnisse**

61.15.10.20. Rohmilch; Rohmilchbehandlung

61.15.15. **Be- und Verarbeitungstechnologie; Technik; Verpackung**

61.15.15.05. Allgemeines

61.15.15.10. Trinkmilch; Magermilch; Milchmisch- und Sauermilchgetränke

61.15.15.15. Rahm; Butter; wasserfreies Milchfett

61.15.15.20. Dauermilcherzeugnisse (flüssig und fest)

61.15.15.25. Käse; Sauermilchquark

61.15.15.30. Sonstige Erzeugnisse

61.15.15.35. Neben- und Abfallprodukte

61.15.15.40. Verarbeitungshilfsmittel; Beigaben

61.15.20. **Analytik; Zusammensetzung; Qualität**

61.15.20.05. Allgemeines

61.15.20.10. Bestandteile

61.15.20.15. Trinkmilch; Magermilch; Milchmisch- und Sauermilchgetränke

61.15.20.20. Rahm; Butter; wasserfreies Milchfett

61.15.20.25. Dauermilcherzeugnisse (flüssig und fest)

61.15.20.30. Käse; Sauermilchquark

61.15.20.35. Sonstige Erzeugnisse

61.15.20.40. Neben- und Abfallprodukte

61.15.20.45. Verarbeitungshilfsmittel; Beigaben

61.15.25. **Lagerung; Transport; Handel**

61.15.30. **Ernährung** (einschl. Frauenmilch)

61.20. Getreide und Mischfutter
s. auch 61.25. Stärke und Stärkeerzeugnisse, Kartoffelverarbeitung

61.20.15. Be- und Verarbeitungstechnologie; Technik; Verpackung
s. auch 60.55.10.10. Mechanisierung der Getreideproduktion

61.20.15.05. Allgemeines

61.20.15.10. Getreideannahme; -aufbereitung

61.20.15.15. Getreidevermahlung

61.20.15.20. Mehl

61.20.15.25. Mischfutter, Getreidepelletierung

61.20.15.30. Verarbeitungshilfsmittel; Beigaben

61.20.15.40. Sonstige Produkte

61.20.20. Mischfutterrezepturen; -einsatz
s. auch 60.45.05.10.07.06. Mischfutter (Alleinfuttermittel)

61.20.25. Analytik; Zusammensetzung; Qualität
s. auch 60.35.70.15. Qualitätsbestimmung der Erzeugnisse

61.20.30. Lagerung; Transport; Handel

61.20.30.05. Getreide

61.20.30.10. Mehl

61.20.30.15. Mischfutter

61.25. **Stärke und Stärkeerzeugnisse. Kartoffelverarbeitung**

61.25.15. **Be- und Verarbeitungstechnologie; Technik; Verpackung**

61.25.15.05. Allgemeines

61.25.15.10. Aufbereiten; Reinigen; Zerkleinern von Kartoffeln

61.25.15.15. Kartoffelstärke

61.25.15.20. Getreidestärke

61.25.15.25. Stärkeabbauprodukte

61.25.15.30. Stärkederivate

61.25.15.35. Stärkemodifikate

61.25.15.40. Sonstige Stärken und Stärkeprodukte

61.25.15.45. Kartoffelveredlungsprodukte

61.25.15.50. Neben- und Abfallprodukte

61.25.15.55. Verarbeitungshilfsmittel; Beigaben

61.25.20. **Analytik; Zusammensetzung; Qualität**

61.25.25. **Lagerung; Transport; Handel**

61.25.30. **Ernährung**

61.30. <u>Zucker</u>

61.30.15. <u>Be- und Verarbeitungstechnologie; Technik; Verpackung</u>

61.30.15.05. Allgemeines

61.30.15.10. Transport u. Lagerung von Zuckerrohr; Reinigen u. Zerkleinern von Zuckerrüben und Zuckerrohr
- für Transport u. Lagerung von Zuckerrüben <u>verwende</u> 60.55.10.60.10. Mechanisierung der Zuckerrübenaufbereitung, einschl. Lagerung und Transport

61.30.15.15. Extraktgewinnung

61.30.15.20. Extraktreinigung

61.30.15.25. Einmengung; Zwischenproduktlagerung; Wärmewirtschaft

61.30.15.30. Kristallgewinnung; -aufbereitung

61.30.15.35. Spezielle Zuckersorten

61.30.15.40. Nichtsaccharosezucker

61.30.15.45. Sonstige Erzeugnisse

61.30.15.50. Neben- und Abfallprodukte; Nebenbetriebe

61.30.15.55. Verarbeitungshilfsmittel; Beigaben

61.30.20. <u>Analytik; Zusammensetzung; Qualität</u>

61.30.25. <u>Lagerung; Transport; Handel</u>

61.30.30. <u>Ernährung</u>

61.35. Obst

61.35.15. Be- und Verarbeitungstechnologie; Technik; Verpackung s. auch 60.55.10.25.25. Mechanisierung der Obstaufbereitung, einschl. Lagerung und Transport

61.35.15.05. Allgemeines

61.35.15.10. Aufbereitung (Sortieren; Waschen; Putzen; Schälen)

61.35.15.15. Konservierung (Naß-, Trocken-, Gefrierkonservierung; Pasteurisieren; Sterilisieren)

61.35.15.20. Verarbeitungsprodukte (Mus; Marmelade; Konfitüre; Gelee)

61.35.15.25. Herstellung von Getränken und Dicksäften (Most; Sirup; Konzentrat; Obstwein)

61.35.15.30. Sonstige Erzeugnisse

61.35.15.35. Neben- und Abfallprodukte

61.35.15.40. Verarbeitungshilfsmittel; Beigaben

61.35.20. Analytik; Zusammensetzung; Qualität

61.35.25. Lagerung; Transport; Handel

61.35.30. Ernährung

61.40. **Gemüse**

61.40.15. **Be- und Verarbeitungstechnologie; Technik; Verpackung**
s. auch 60.55.10.30.10. Mechanisierung der Gemüseaufbereitung, einschl. Lagerung und Transport

61.40.15.05. Allgemeines

61.40.15.10. Aufbereitung (Sortieren; Waschen; Putzen; Schälen; Blanchieren)

61.40.15.15. Konservierung (Naß-, Trocken-, Gefrierkonservierung; Pasteurisieren; Sterilisieren)

61.40.15.20. Verarbeitungsprodukte (Ketchup; Gewürz)

61.40.15.25. Herstellung von Getränken (Saft)

61.40.15.30. Sonstige Erzeugnisse

61.40.15.35. Neben- und Abfallprodukte

61.40.15.40. Verarbeitungshilfsmittel; Beigaben

61.40.20. **Analytik; Zusammensetzung; Qualität**

61.40.25. **Lagerung; Transport; Handel**

61.40.30. **Ernährung**

Bei Fragen zur Produktsicherheit wenden Sie sich bitte an:
If you have any questions regarding product safety,
please contact:

Walter de Gruyter GmbH
Genthiner Straße 13
10785 Berlin
productsafety@degruyterbrill.com